油气与新能源融合技术丛书

“绿电”提高致密砂岩储层采收率

张文通　宁正福　著

中国石化出版社
·北京·

图书在版编目(CIP)数据

“绿电”提高致密砂岩储层采收率/张文通，宁正福著. —北京：中国石化出版社，2024.7
ISBN 978-7-5114-7526-8

Ⅰ.①绿…　Ⅱ.①张…②宁　Ⅲ.①致密砂岩-砂岩储集层-提高采收率-研究　Ⅳ.①TE357

中国国家版本馆 CIP 数据核字(2024)第 096755 号

中国石化出版社出版发行
地址:北京市东城区安定门外大街 58 号
邮编:100011　电话:(010)57512442
发行部电话:(010)57512575
http://www.sinopec-press.com
E-mail:press@sinopec.com
宝蕾元仁浩(天津)印刷有限公司印刷
全国各地新华书店经销
*
710 毫米×1000 毫米 16 开本 9.5 印张 162 千字
2025 年 8 月第 1 版　2025 年 8 月第 1 次印刷
定价:68.00 元

前　　言

如今，全球气候变暖对地球生命系统造成的威胁日益严重，减少温室气体输出已成为世界各国可持续发展的必然选择。2020年9月，习近平主席在第七十五届联合国大会上郑重宣布中国“碳达峰”和“碳中和”目标。在“碳中和”和“碳达峰”背景下，减少碳排放量是人类社会目前的普遍共识，达成“双碳”目标是实现经济社会绿色可持续发展的关键，对推动经济高质量发展、建设人与自然和谐共生的现代化社会具有重大战略意义。油气行业是我国经济社会发展的重要支撑，也是我国碳减排的关键领域。为响应国家“双碳”重大战略目标，油气行业目前正大力发展风光电（风能、太阳能和光伏发电）等新能源产业，从高效开发朝着更加绿色增质的方向发展。由此可见，油气与新能源融合发展是探索油气与新能源协同发展的一种有效模式。为此，国家能源局在2023年3月印发《加快油气勘探开发与新能源融合发展行动方案（2023—2025年）》，该方案提出，要加快构建油气勘探开发与新能源融合发展模式，实现油气保障供应与绿色转型相统一。这也为油气行业绿色发展指明了方向：走油气与新能源融合发展的路径。因此，实现油气与新能源融合发展是目前油气行业绿色高质量转型的重点，而如何实现油气与新能源融合则是油气行业目前的热点和亟须解决的难点问题。

油气与新能源融合发展是探索油气能源与新能源协同发展的一种有效模式。油气田现场风光发电资源丰富，形成了大量的“绿电”资源。如何消纳“绿电”也成为油气行业考虑的问题。将“绿电”应用于油气田现场不仅可以提高油气采收率，而且可以消纳“绿电”资源，在提高经济效益的同时实现绿色可持续发展，具有十分重要的意义。然而，目前关于“绿电”提高非常规储层采收率的研究相对匮乏。作者自2016年就开始致力于“绿电”提高致密砂岩储层采收率这一研究主题，是国内较早从事该科研领域的学者，取得了一系列富有特色的研究成果。以鄂尔多斯盆地致密砂岩为主要研究对象，阐释了“绿电”提高致密砂岩驱油效率室内实验现象成因和电动力学改变孔隙结构原理，进一步从化学角度和物理角度探究了致密砂岩储层在“绿电”作用下的润湿性变化机理。在研究过程中，借助纳米压痕技术，建立了原子力显微镜和扫描电镜在同一致密砂岩样品区域的快速高效扫描和实时原位动态观察方法。

本书是作者在对近年“绿电”提高致密砂岩储层采收率机理研究成果整理和总结的基础上编撰而成的。本书主要涉及致密砂岩室内电动驱替实验、孔隙结构表征技术、物理化学表征技术和原位观察方法等，形成了“绿电”提高致密砂岩储层采收率较为完善的研究体系。本书适合油气田开发领域相关学者和研究人员阅读，还可供地球物理、表面化学、材料物理、电动力学和新能源高效转化利用等研究领域的科研人员参考使用。

本书第1章由西安石油大学新能源学院张文通、中国石油大学（北京）宁正福共同编写，第2~5章由西安石油大学新能源学院张文通编写。在编撰过程中，中国石油大学（北京）宁正福和王庆对本书编写提供了很多宝贵的建议，并给予了大力帮助和支持。在本书行文过程中，特别感谢中国石油大学（北京）贾泽江、方涛、沈旭东，中国地质大学（北京）王焱伟，西安石油大学石油工程学院程志林，西安石油大学新能源学院黄海、李欣儒、刘潼的指导和帮助。此外，本书研究成果得到了国家自然基金委和留学基金委的资助，并由西安石油大学优秀学术著作出版基金资助出版，在此一并表示感谢。书中难免存在不妥之处，敬请各位专家和读者给予指正。

目　　录

第 1 章　国内外研究现状

第 1 节　“绿电”在储层上的应用研究现状

1. “绿电”在储层上的矿场应用研究

1) 国外稠油油藏

目前，直流电场提高采收率技术在稠油油藏、常规砂岩油藏的现场应用中取得了成功，对于稠油油藏来说，如加州圣玛利亚盆地（美国）和东阿尔伯塔平原（加拿大）的稠油油田、得克萨斯州小汤姆油田（美国）和埃门市油藏（荷兰）在直流电场作用下采油效果显著。其中，加州圣玛利亚盆地稠油油田的现场应用效果表明，直流电场提高采收率技术不仅将油井的平均产油量从 0.7t/d 提高至 7.0t/d，而且大幅降低了含水率（由 45% 降至 12%）。

2) 国外常规砂岩油藏

自 1991 年以来，俄罗斯和美国相继开展了直流电场强化采油的现场试验，现场效果表明，直流电场作用会使原油产量提高 30% ~50%，而且工艺技术可靠、不污染环境。2022 年，阿曼即将废弃的油藏在使用直流电场后，产量明显上升。经过现场试验发现，在直流电场作用处理后的 5 口活动井中，有 3 口处理井的原油产量增加幅度在 11% ~64%，矿场增油效果显著。

3) 国内常规砂岩油藏

吉林油田于 2006 年在现场开展了大功率直流电场强化采油的矿场试验，其中，大功率直流电场装置功率为 30kW，由控制器、变压器、指示器、井下和地面电极组成。电极通过电缆与地面控制仪器相连。将电极分别下放到 2 口井并行的同一油层，负极下注入井，正极下采油井。通过外加直流电场产生的电渗流、电泳和电解等电动力、电化学和界面化学作用，提高了注水的有效性。在直流电场作用的矿场试验中，采油井和注入井内通入的电流强度为70A，电压为190V，通电作用时间为40天。试验发现，直流电场作用前，油井产液量为5.2t/d，含水率为94%，产油量为0.3t/d；在直流电场作用期间，油井产液量为8.5t/d，含水率降为82%，产油量为1.6t/d。由此可见，直流电场作用在油田矿场上的增油效果明显。

2. “绿电”在储层上的室内应用研究

目前，主要通过实验方法和理论模拟方法来研究“绿电”引起的直流电场对储层的影响。实验方法主要针对碳酸盐岩储层和贝雷砂岩储层，利用绝缘的岩心夹持器对储层岩心进行外加直流电场的驱替实验，结果显示，直流电场作用能够显著提高常规储层的采收率。Chilingar等人在1970年做了相关的砂岩室内电动试验，结果表明，低强度的直流电场有助于提高贝雷砂岩的采收率。Aggour等人在1992年通过动态置换实验来研究电渗对填砂管相对渗透率的影响，观察发现电压梯度会增加油相相对渗透率并降低水相相对渗透率，且储层采收率和外加电压梯度呈现正相关；同年，他们又研究了电势梯度对填充30/40目填砂线性模型采收率的影响。结果表明，当施加的电位梯度从0V/cm增加到7.5V/cm时，采收率从62%增长到77%。随后，在1994年研究了电渗对砂岩相对渗透率的影响。观察发现，相对渗透率的变化随着施加的电位梯度的增加而增加，从而进一步提高砂岩的采收率。Shalabi等人在2012年使用恒定强度的直流电场结合盐水驱对贝雷砂岩的流动效果进行研究，结果显示，当水力方向和电渗方向相同时，岩心渗透率增加了223%；当水力方向和电渗方向相反时，岩心渗透率无明显变化。Ghosh等人在2012年研究了在直流电场作用下贝雷砂岩渗透率和采收率的变化。结果表明，施加直流电场对砂岩的渗透率和采收率影响较大，其中渗透率提高了59%、采收率提高了11.6%。Ansari等人在2015年开展了碳酸盐岩在外加直流电场下不同酸液浓度和电压梯度的效果研究，实验表明，外加直流电场会增加碳酸盐岩17%~29%的采收率和11%~53%的渗透率。

部分学者采用理论模拟方法对油藏多孔介质中的实际流动进行简化处理，同样证明了直流电场能提高储层的采收率。张宁生等人在1998年认为毛管半径的减小会极大地促进电渗效果，从而促进初始无法移动的流体开始运动。关继腾等人在1999年根据毛管双电层理论和孔隙介质渗流理论，建立外加直流电场下多孔介质中的油水两相渗流模型，结果表明，直流电场作用可有效地改善油水两相相对渗流关系，随着电场梯度的增加，油相渗透率增加，水相渗透率降低。王玉斗等人在2000年从多孔介质渗流的毛管模型出发，建立了储层条件下电动力和水动力耦合公式，结果表明，电动力产生的电渗作用和电加热作用会提高储层水驱油采收率。黄柳宾等人在2007年使用有限元方法模拟外加电场下多孔介质中单向流体渗流速度，结果发现，外加电场下的流体渗流速度明显增加。Peraki等人在2018年使用隐式压力显示饱和度方法模拟外加直流电场下两相不混溶液体的流动，结果显示，直流电场结合水驱有助于增加储层的采收率。

综上，直流电场技术在常规砂岩油藏、碳酸盐岩油藏及稠油油藏均有较为显著的应用效果，但机制有所不同。对贝雷砂岩储层而言，电渗流是直流电场技术提高储层采收率的主要机理，当电场方向与原油流动方向相同时，储层渗透率和驱油量分别增加了59%和11.6%。反之，渗透率和驱油量无明显变化。碳酸盐岩油藏应用直流电场不仅存在明显的电渗流作用，而且还会产生显著的电化学反应溶蚀岩石表面。稠油油藏则主要利用直流电场作用时产生的电热效应降低原油黏度，减小流动阻力。由于贝雷砂岩储层和碳酸盐岩储层具有较高的渗透率，较容易通过注水补充地层能量。

相关实验和模拟文献都证明了直流电场作用能够提高常规储层的采收率。从成藏方面来讲，致密油属近源成藏，储层连续分布，圈闭界限不明显，但存在局部可开发的“甜点区”；从储层物性而言，致密油储层低孔（孔隙度$<10\%$）低渗（覆压渗透率$<0.2\times10^{-3}\mu m^2$），以微纳米级孔喉为主，非均质性强；从流体特征方面来讲，致密油密度小油质轻，但在纳米级孔喉中运移依旧很困难，需要改善储层物性后才具备工业油流的条件。可见不同于常规油藏，致密油储层孔喉结构复杂，孔隙类型多样，尤以微纳米级孔喉发育丰富。

由此可见，致密砂岩储层相较常规砂岩储层，非均质性更强、孔喉更加细小、孔隙结构更加复杂。提高常规储层采收率的直流电场技术能否适用于致密砂岩储层尚不清楚，且目前鲜有此类文献研究。在致密砂岩储层资源日益被重视的背景下，很有必要开展直流电场在致密砂岩上的室内电动驱替研究，探究电场对提高致密砂岩储层采收率的效果。

目前，相关文献对直流电场提高储层采收率的电动机理认识主要有：

(1)电热、电渗和黏滞力作用。电热作用是指在外加电场下，欧姆作用会提高储层的温度，降低储层中的流体黏度，进而加快流体渗流。电渗作用是直流电场通过非均质多孔介质时，会增强水和离子的定向运动。Ghazanfari 等人在 2012 年认为双电层产生的电渗流在润湿相(水)产生动量，可通过黏性力转移到非润湿相(油)，这就是黏性动量转移。黏滞力是在直流电场作用下传输油相的主要驱动力。

(2)黏土矿物结构的改变效应。电泳作用冲刷出黏土矿物颗粒，增大了多孔基质的孔喉，将会促进更多的流体传输。张宁生等人在 1998 年认为孔喉处的黏土矿物被直流电场作用破坏而移动，对流体的阻力作用减小。Shalabi 等人在 2012 年对直流电场提高贝雷砂岩采收率的实验结果进行分析，在直流电场作用下，黏土以胶体形式分解移动，可能会增大储层有效孔喉直径。Ghosh 等人在 2012 年通过质谱联用仪和 X 射线衍射的结果表明，应用直流电场后黏土矿物的结构和含量均会发生变化。

(3)电润湿现象。电润湿现象是在外加直流电场作用下，储层固－液界面的张力和接触角减小，亲水性增强。Kariminezhad 等人在 2018 年研究了不同强度下的直流电场对油砂岩固体界面性质的影响，发现直流电场作用下固体表面的接触角减小，说明电动效应会有效提高储层的亲水性。Karna 等人在 2018 年通过分子模拟技术研究接触角在直流电场下的变化机理发现，界面氢键结构的变化和界面层黏滞力的增加会导致接触角减小。

综上所述，目前，直流电场对储层性质的影响规律和机理研究还不够深入，基本属于定性猜测阶段，缺乏足够的实验验证和支撑，需要进一步通过实验手段完善直流电场对致密储层性质的影响，揭示其电动现象。

第 2 节　直流电场作用下的储层孔隙结构变化特征研究现状

1. 孔隙结构的探测方法

非常规储层孔隙结构观测是评价储层资源量和研究渗流过程的重要基础。随着对非常规储层孔隙结构从微观尺度到纳米尺度的深入了解，相关表征方法也得到了显著发展。表征储层孔隙结构的方法大致可分为流体注入法、图像分析法和非物质注入法三种。

1)流体注入法

将汞、氮气、二氧化碳等非润湿性流体注入储层的多孔介质中，在此过程记录注入量，注入过程中不断增大注入压力，最终获得注入压力和注入流体量的数据，基于不同方法的原理计算并获取储层孔径分布等孔隙结构相关信息。流体注入法的实验过程相对简单，获取的数据相对全面，因而在目前致密砂岩储层孔隙研究中应用得最为广泛。流体注入法能获取储层的岩石物理性质，可进一步开展定量分析，主要包括压汞法(高压压汞法和恒速压汞法)、氦比重瓶测定比重法、(低温)氮气/二氧化碳吸附法等。但是，受实验方法的限制，流体注入法只能用于研究开孔，因流体无法进入闭孔，故不能表征闭孔。同时，致密砂岩储层孔隙存在多尺度效应，连续发育从纳米到微米级别孔隙，单一实验方法很难完整有效地描述致密砂岩储层的孔隙分布特征。其中，压汞法虽测试孔径范围广，但是，一方面，压汞法容易受孔喉遮蔽效应的影响低估大孔隙体积；另一方面，压汞过程后期高压注入汞时容易形成人工裂缝，进而影响测试结果的精度，且不可重复使用。需要注意的是，压汞实验的基本原理是汞对一般固体不润湿，通过施加外压使汞进入孔隙中，外压越大，汞能进入的孔隙越小。通过测量不同外压和进汞体积，根据 Washburn 方程，可以计算不同压力下相应孔径分布与孔体积大小。和高压压汞法相比，恒速压汞法通常以 5×10^{-5}mL/min 的恒定速度来保证准静态进汞过程，以准静态进汞过程将汞注入岩石孔隙，在此过程中，界面张力与接触角保持不变。进汞端经历的每一个孔隙形状的变化，都会引起弯月面形状的改变，首先，汞优先进入样品的大孔隙，当孔隙中充满汞后，汞会通过喉道进入下一个与之相连的孔隙，此时压力会发生落差，从而引起系统毛管压力的改变。因此，恒速压汞法可获得储层更为细致的喉道数量分布、孔隙的数量分布和较为真实的孔喉比等信息。

2)图像分析法

图像分析法包括扫描电子显微镜(SEM)、光学显微镜、原子力显微镜(AFM)和透射电子显微镜(TEM)等，利用微区观察技术获取图像并进行分析，图像分析法能够直观地观察到储层中孔隙形态及颗粒之间的组合接触关系。同时，结合统计学还能获得部分定量信息，包括面孔隙度、孔隙半径划分等。但图像分析法的缺点是，其实验结果的精确度受多个因素的影响，包括：①样品特征，如挥发份高的页岩样品不利于维持腔室的高真空环境；②样品的预处理方式；③仪器性能(如分辨率)影响可见孔径的下限，合理的仪器参数设定亦能有效提高图像分析的质量；④选定的显微镜微区的代表性。扫描电镜是目前最常用的图像学研究工具，扫描电镜主流的图像学研究手段是高分辨率场发射扫描电镜和聚离子束刻蚀场发射扫描电镜双束联用系统结合，该技术通常使用氩离子抛光技术对样品表面进行抛光，之后方便观察并获取高分辨率图像，此种方法已在国内外广泛应用。目前聚焦离子束扫描电镜研究主要集中于致密砂岩储层纳米级孔隙的形态学定性研究，但很少涉及利用扫描电镜图像获取孔隙的定量数据。目前，图像分析法依旧侧重于直观观察和定性分析，因此，并不能满足致密砂岩储层的定量表征研究。

3)非物质注入法

非物质注入法具有无损快速的特点，包括计算机断层成像(CT)、核磁共振技术(NMR)、小角散射技术(SAS)、热孔计技术(TPM)、超小角散射技术(USAS)等。其中，计算机断层成像检测技术主要是利用射线穿过物质后强度信号的衰减来研究物质内部结构，按其分辨率主要可分为普通 CT、微米 CT、纳米 CT 三类。核磁共振技术有两个参数可用来描述核磁信号衰减的快慢：纵向弛豫时间 T_1 和横向弛豫时间 T_2。充分饱和的多孔介质内流体的 T_1 和 T_2 越大，对应的孔隙半径越大；相反地，T_1 和 T_2 越小，对应的孔隙半径越小。但由于 T_2 更容易快速获得，因此，石油领域内多用 T_2 表征孔隙尺度的大小。不同于流体注入法和图像分析法，核磁共振法在获取 T_2 的过程中，具有非介入无损测试等优点。

综上所述，以上方法在材料、化学、石油、医学等相关领域获取微观结构信息等方面得到了很好的应用。但每种方法都具有独特的优势和受限性。因此，越来越多的学者结合两种甚至两种以上的孔喉结构表征技术，达到刻画致密砂岩储层的全尺度孔径分布/孔喉结构的目的。

2. 直流电场作用下储层孔隙结构的变化特征

直流电场作用对储层孔隙结构的影响研究目前主要针对煤层使用高压电和电化学改性处理。实验结果显示，经过直流电场作用处理后，煤体的孔隙和微裂缝数目增加。电解作用对煤层阴阳区域的化学反应不同，导致孔隙结构的变化产生差异。如 Guo 等人在 2014 年认为直流电场作用会导致煤层的阳极区域发生氧化反应，氢离子溶解方解石。阴极区发生还原反应，增强了黏土和煤颗粒的电负性。电泳解除裂缝中的填充黏土和煤颗粒，驱使带电颗粒运移。电渗驱使溶液冲洗裂缝，从而降低流动阻力。研究发现，相比煤层的阳极区域，阴极区域的孔隙结构变化更显著。

目前，表征煤体在直流电场作用下孔隙结构特征变化的手段包括扫描电镜、压汞法、低温氮气吸附法和核磁共振法等。

1)扫描电镜

相关的扫描电镜结果表明，直流电场作用促进了煤体的孔隙和裂缝发育，提高了气体的导流能力。如 Wang 等人在 2011 年使用扫描电镜研究了直流电场对于泥岩的拉伸特性和孔隙结构影响。结果表明，阳极区域的孔隙度减小，孔径增大；阴极区域的孔隙度增大，孔径增大。Yan 等人在 2016 年借助扫描电镜研究在高压电作用下无烟煤孔隙结构的变化特征。结果显示，煤体在电场作用下会发育更多的孔隙和裂缝，表面更加粗糙。Lin 等人在 2018 年通过扫描电镜研究在高压脉冲电作用下煤体的孔隙结构变化特征。研究发现，煤体会发育更多的裂缝。Yan 等人在 2019 年使用扫描电镜研究高压脉冲电场下湿度对煤体结构的影响。研究结果表明，高电压处理后的煤体会产生更多的孔隙和裂缝。

2)压汞法和低温氮气吸附法

由于气相比液相更容易进入较小的孔喉。因此，低温氮气吸附方法更适用于表征纳米尺度孔隙，而压汞法更适用于表征亚微米和微米尺度孔隙。相关压汞法和低温氮气吸附法实验结果显示，直流电场作用会增加煤体的微孔、中孔、大孔和裂缝的数目。Guo 等人在 2014 年使用压汞法分析了在电化学作用下煤体的孔隙结构的变化规律。结果表明，中孔数目(100～1000nm)增加，阴极区域的裂缝尺度明显提高(956nm～92.35μm)。Yan 等人在 2016 年使用低温氮气吸附法和压汞法研究在高压电作用下无烟煤孔隙结构的变化特征。实验结果表明，低电压下和高电压下煤体的累计微孔体积的变化规律不同。柴肇云等人在 2018 年将离子水和 1mol/L 氯化钠作为饱和溶液，借助低温氮气吸附法研究了电化学作用下泥岩孔隙结构的变化规律。林柏泉等人在 2018 年借助压汞手段研究了在电脉冲作用下煤体的孔隙结构变化特征。实验表明，煤体的大孔和中孔数目明显增加，孔隙的连通性提高，煤体的孔隙结构显著改善。

3)核磁共振法

核磁共振法实验结果表明，经过直流电场作用处理后，煤体的孔隙数目增加，孔隙的连通性增强。Lin 等人在 2018 年通过核磁共振法研究在高压脉冲电场作用下煤体的孔隙结构变化特征。研究发现，高压脉冲电场作用会增加煤体的小孔、中孔和大孔数目。Yan 等人在 2019 年使用核磁共振法分析了高压脉冲电场作用对于煤体孔隙结构的影响规律。实验表明，煤体的微孔数目减少，中孔和大孔数目增多。Zhang 等人在 2020 年借助核磁共振法研究高压脉冲电场对于煤体孔隙结构变化特征的研究中，也观察到孔隙的连通性增强。

综上所述，相关研究表明，直流电场作用会促进储层的孔隙和裂缝发育。然而，扫描电镜仅能扫描储层的微小区域。压汞法和低温氮气吸附法具有破坏性，使得对同一样品无法再次探测。考虑到储层的强非均质性，需要验证获取的结论。无损的核磁共振横向坐标是弛豫时间(T_2)，需要转化成孔径分布，不同性质的储层转化系数存在差异，需要谨慎划分孔径分布。同时，在直流电场作用下，表征储层孔隙结构特征均基于高压脉冲电和电化学处理煤体，几乎鲜有关于直流电场作用对于砂岩/致密砂岩孔隙结构影响的研究。同时，在直流电场的处理方法上，电化学改性方法通常对破碎的煤体进行处理，直流电场通过绝缘的岩心夹持器对柱状的致密砂岩样品进行处理。在直流电场的应用原理上，高压脉冲电运用大量能量积聚导致电破裂机理，直流电场运用电动力学机理(电渗、电泳、电解和电迁移)。由于处理方式、应用原理和样品成分的差异，获取的关于煤层有关孔隙结构特征的认知显然不适用于致密砂岩。同时，考虑到储层的强非均质性影响，需要综合运用多种表征手段来研究在直流电场作用下致密砂岩储层的孔隙结构变化特征。

第 3 节　直流电场作用下材料表面润湿性的变化研究现状

使用直流电场作用来改变材料表面润湿性的方法被称作电润湿技术，目前被认为是最简单和最有效改变润湿性的方法。直流电场作用下会导致更多的电荷聚集在材料的固－液边界，这使得电荷和偶极子重新分布，从而减小固－液界面张力，增强亲水性。需要注意的是，直流电场作用主要影响固－液界面张力，对于固－气和液－气界面张力影响很小。Kwon 等人在 2012 年研究聚二甲基硅氧烷样品的接触角和直流电场强度的关系特征。实验表明，随着直流电场作用的引入，样品的接触角从 115°逐渐减小到 56°，这表明材料表面的亲水性进一步增强。Kariminezhad 等人在 2018 年研究直流电场作用对油砂岩固体表面改性的过程中发现，油砂岩储层表面的亲水性在电动作用下进一步增强。

电润湿的变化特征可以用 Lippmann-Young 公式描述：

$$\cos\theta = \cos\theta_0 + \frac{CV^2}{2\gamma} \tag{1-1}$$

式中，θ_0 为未有外加直流电场作用下材料表面的接触角；θ 表示直流电场作用下材料表面的接触角；C 为固－液界面单位电容，μF/cm^2；V 为施加的外加直流电场强度；γ 为固－气界面的界面张力。

具体推导过程如下：

固体材料表面存在固－液界面张力(γ_{sl})、固－气界面张力(γ_{sg})和液－气界面张力(γ_{lg})。未引入直流电场作用前，接触角和界面张力在平衡状态下的表达式为：

$$\gamma_{lg}\cos\theta + {\gamma_{sl}}^0 = \gamma_{sg} \tag{1-2}$$

当在界面处引入直流电场作用时，γ_{sl}包含了化学作用和直流电场作用组成的界面张力。

$${\gamma_{sl}}^0 + {\gamma_{sl}}^V = \gamma_{sl} \tag{1-3}$$

电荷(q)可以用微分方程表示：

$$\left(\frac{\partial \gamma_{sl}}{\partial V}\right)_\mu = -q \tag{1-4}$$

$$\left(\frac{\partial^2 \gamma_{sl}}{\partial V^2}\right)_\mu = -C \tag{1-5}$$

$$C = \frac{\varepsilon\varepsilon_0}{d} \tag{1-6}$$

联合公式(1－3)～公式(1－6)得到：

$$\gamma_{sl} = \gamma_{sl}{}^{0} - \frac{1}{2}CV^2 \tag{1-7}$$

将公式(1 -7)代入公式(1 -2)中，可以表达为：

$$\cos\theta = \frac{\gamma_{sg} - \gamma_{sl}}{\gamma_{lg}} = \cos\theta_0 + \frac{1}{2\gamma_{lg}}CV^2 \tag{1-8}$$

由此可见，直流电场作用会减小材料的接触角。接触角理论表明，固体表面的润湿性包含三种类型：亲水润湿、中性润湿和油性润湿。当接触角小于90°时，材料表面为亲水润湿；当接触角范围在90°～130°时，材料表面呈中性润湿；当接触角大于130°时，材料表面呈油性润湿。从材料接触角的表现分析，直流电场作用下材料的接触角减小，表明直流电场作用会进一步提高材料表面的亲水性。

综上所述，直流电场已被证明是提高储层采收率的有效手段之一。致密砂岩作为一种独特的多孔非均质材料，其表面润湿性在直流电场作用下的变化规律是否和其他材料结果保持一致尚不明确。因此，需要开展在直流电场作用下致密砂岩储层表面润湿性变化特征研究。

同时，相关文献认为，材料表面的接触角在直流电场作用下的变化原因是受表面化学因素和表面物理因素的影响。从化学角度出发，材料表面的不同化学组分在直流电场作用下被进一步氧化。从物理角度出发，表面粗糙度在直流电场作用下会进一步发生变化。因此，材料表面的润湿性变化机理需要分别从化学角度和物理角度进行阐述。

1)化学因素与润湿性的关系分析

相关研究表明，增加含氧元素和含氧官能团会增强材料表面的亲水性。Zhou等人在2015年表明，含氧官能团的增加会改善煤尘表面的亲水特性。Tang等人在2016年认为，含氧相关的官能团会增强粉尘的亲水性。Xia等人在2016年观察到褐煤表面的亲水性增强是由含氧分子基团含量的增加引起的。Baghery等人在2016年使用含氧等离子体处理碳纤维材料时发现，更多的含氧官能团会提高等离子体样品的亲水性。Xu等人在2017年发现，羟基(OH)与煤尘的亲水性呈线性关系，羟基含量的增加会增强煤尘的亲水性。Wang等人在2017年观察到，含氧相关官能团含量的增加将改善煤尘的亲水性。Arif等人在2017年发现，高含量的含氧相关分子基团导致低阶煤炭的亲水性更高。Li等人在2017年认为，氧元素含量的增加会增强固体表面的亲水性。Woche等人在2017年表明，高比例的 O/C 会增强材料表面的润湿性。Kondratowicz 等人在 2018 年分析 O_2 等离子体处理还原氧化石墨烯(reduced graphene oxide，rGO)时发现，含氧官能团含量的增加会提高 rGO 的亲水性。Lu 等人在 2018 年提出，含氧分子基团的损失会导致在高级煤上提供更多的疏水特性。

直流电场作用会引起材料表面固－液界面发生反应，导致材料表面的含氧元素和含氧官能团含量增加。Kakade 等人在 2013 年观察到，直流电场提高了碳纳米管的氧元素含量，从而增强碳纳米管表面的亲水性。Parker 等人在 2015 年指出，高压电会氧化黏土矿物颗粒表面。Zahiri 等人在 2017 年认为，电化学作用会增强材料表面氧化状态，从而引起润湿性的变化。Kariminezhad 等人在 2018 年使用直流电场作用处理油砂岩过程中发现，含氧官能团含量的增加会提高固体表面的亲水性。Zhang 等人在 2019 年研究了高压脉冲电作用前后煤体的表面元素变化特征。分析认为，电流通过煤体时会促使煤体表面发生氧化反应。Lin 等人在 2018 年分析高压脉冲电作用对煤体表面的影响规律时，发现煤体表面的含氧官能团含量增加。Yan 等人在 2019 年研究煤体在高压脉冲电场作用下的化学组成变化特征。结果表明，煤体的内部通道表面会发生氧化，从而增加含氧官能团的含量。

综上所述，相关文献报道了材料表面会在直流电场作用下发生氧化，导致含氧元素和含氧官能团含量增加，增强了其表面亲水性。对于本研究课题的研究对象致密砂岩储层依旧存在相同的问题：处理方法、材料组分和文献中的材料存在明显差异，关于直流电场作用下材料表面的化学变化结论是否适用于致密砂岩尚且未知。电解作用会导致阴阳两极处产生不同的化学反应，势必造成阳极区域和阴极区域的化学性质差异。上述文献均未考虑电解作用引起区域的差异性影响。同时，材料表面的含氧官能团种类复杂，不同类型含氧官能团和润湿性的定量表征均略有涉及。然而，不同类型含氧官能团调控润湿性机理至今鲜有相关文献报道。

2)物理因素与润湿性的关系分析

材料界面在考虑粗糙度的影响时存在两种润湿状态：Cassie-Baxter 和 Wenzel，如图 1－1 所示。Cassie-Baxter 模型认为当存在固－液－气三相时，空气被锁在液相之下，三相接触线会呈现不连续(分离)状态。Wenzel 模型认为液相完全充满粗糙界面的空隙中，三相接触线会呈现连续状态。因此，对比 Cassie-Baxter 和 Wenzel 的润湿状态可以发现，Wenzel 状态下的固－液接触面积更大。

对于亲水性材料，当润湿状态从 Cassie-Baxter 状态转变为 Wenzel 状态时，固－液接触面积增大，这会进一步增强亲水材料的润湿性。

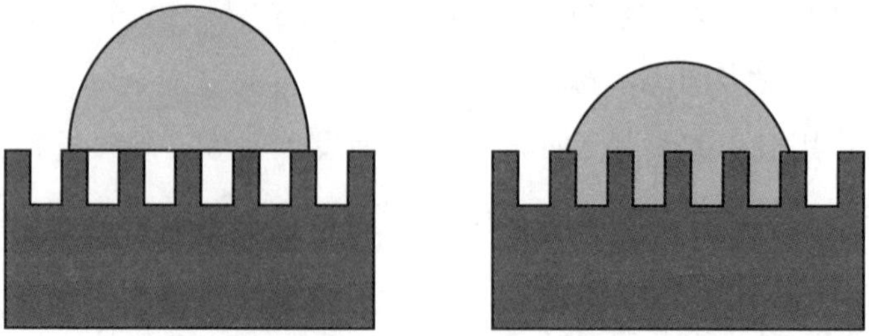

(a)Cassie–Baxter润湿状态　　(b)Wenzel润湿状态

图 1－1　粗糙表面润湿性模型

相关文献证明，在直流电场的作用下，材料表面的润湿状态会从 Cassie-Baxter状态转变为 Wenzel 状态。润湿状态的转变会增大固－液接触面积，提高材料表面的亲水性。Liu 等人在 2010 年表明，两种润湿状态（Cassie-Baxter 状态和 Wenzel 状态）可以通过电化学效应在导电聚合物薄膜上相互转换。Kakade 等人在 2013 年研究了碳纳米管在直流电场作用下表面润湿性的变化特征，研究发现，直流电场作用会导致碳纳米管界面从 Cassie-Baxter 状态转变为 Wenzel 状态。Li 等人在 2016 年运用商业软件 COMSOL 的有限元方法模拟了在直流电场作用下纳米纹理电介质表面润湿状态的变化规律，结果发现，纳米纹理电介质表面的润湿状态会从 Cassie-Baxter 状态过渡到 Wenzel 状态。Zahiri 等人在 2017 年认为，直流电场作用会引起润湿状态从 Cassie-Baxter 状态转变为 Wenzel 状态。Zhang 等人在 2018 年提出，在 Cassie-Baxter 状态下，SCANT（超疏水超排列碳纳米管）薄膜呈较弱的亲水性。Zahiri 等人在 2018 年认为，电流强度的增加会促使润湿状态从 Cassie-Baxter 状态转变为 Wenzel 状态。Liu 等人在 2019 年开发了一种基于油－水－固系统的原位调控润湿性开关。在聚合物薄膜上的氧化还原反应过程中发现，油滴的润湿状态在 Wenzel 状态和 Cassie-Baxter 状态之间可以快速且可逆地转换。Li 等人在 2019 年同样观察到，随着直流电场作用的引入，材料表面的润湿状态会从 Cassie-Baxter 状态转变为 Wenzel 状态。

除了润湿状态会发生变化，直流电场作用还会影响材料的界面形貌，造成表面区域凸起和凹陷，在数值上表现为增大材料的表面粗糙度。研究发现，材料的表面粗糙度与表面润湿性关系密切。相关文献表明，表面粗糙度的增大会提高材料的亲水特性。如 Al-Yaseri 等人在 2015 年认为，较高的粗糙度提高了石英的亲水特性。Deng 等人在 2018 年通过实验手段观察到，表面粗糙度会影响天然砂岩的润湿性。Kumar 等人在 2020 年表明，增加表面粗糙度有利于增强砂岩的亲水特性。

综上所述，直流电场作用会导致材料的表面物理性质发生变化。一方面，表面形貌的变化会增加材料的表面粗糙度；另一方面，材料表面的润湿状态会从 Cassie-Baxter 状态转变为 Wenzel 状态，使得固－液的接触面积增大。从表面物理角度考虑，直流电场作用会引起材料表面粗糙度的增大和润湿状态的转变，两者的耦合作用会提高材料的亲水性。目前，关于直流电场作用影响致密砂岩表面物理性质的机理研究鲜有文献涉及。同时，在材料学科的研究中，样品往往呈现出均质性，考虑到储层的强非均质性，需要格外注意在直流电场作用前后同一样品同一区域表面粗糙度对比问题。

第 4 节　目前存在的主要问题

我国的致密油储量十分丰富，但是目前面临补充能量困难以及采收率低的困境。迫切需要绿色高效的技术手段来提高致密砂岩的采收率。同时，“双碳”战略目标的提出对油气的绿色高效开发提出了新的要求和标准。直流电场具有绿色、高效、快速、无污染的特点，结合前文的分析，特别适用于致密砂岩储层的绿色高效开发。然而，目前相关理论的匮乏限制了此项技术在油田上的应用，亟须研究。主要存在以下几个问题：

(1)致密砂岩储层在直流电场作用下的孔隙结构变化特征尚待揭示。

电场相关技术已在国内外油田现场进行了试验，在室内也对储层开展了较为成熟的实验测试，矿场和室内实验表明直流电场作用有利于提高常规储层的采收率。直流电场在煤层上的应用及理论发展一直在蓬勃进行。然而，对于油气行业，始终缺乏直流电场作用对储层影响的深入研究。孔隙结构是影响开发过程的关键参数，目前关于直流电场作用下储层孔隙结构的变化特征仍处于猜测阶段，缺乏相关的实验证明。

(2)致密砂岩在直流电场作用下表面润湿性的变化机理尚待明确。

润湿性控制储层开发过程中的渗流行为以及油水分布行为是开发过程中重要的参数。目前，关于直流电场作用下储层的润湿性变化特征和机理尚不清晰，仅可参考材料学科的相关文献。因此，直流电场作用下，致密砂岩储层表面的润湿性变化规律和其背后的推动机理需要进一步明确。

(3)致密砂岩在直流电场作用下表面化学性质的变化特征尚待解析。

化学性质会影响储层表面的润湿性。目前，有关直流电场作用下储层的表面化学性质的研究有限。因此，需要明确直流电场作用下致密砂岩的表面化学性质变化特征。考虑到电解作用引起的阳极区域和阴极区域差异性，不同区域的表面化学性质的变化特征也有待进一步明确。

(4)致密砂岩不同含氧官能团和表面润湿性的关系尚待建立。

含氧官能团和表面润湿性密切相关。因此，需要建立致密砂岩在直流电场作用下含氧官能团和表面润湿性的定量关系。同时，含氧官能团种类复杂，不同类型含氧官能团决定润湿性的能力排序以及其如何定量化表征不同类型含氧官能团的决定能力尚待揭示。

(5)致密砂岩在直流电场作用下表面粗糙度的变化特征尚待明确。

粗糙度和表面润湿性存在关联。表面形貌决定了粗糙度的变化特征。需要明确致密砂岩在直流电场作用下表面粗糙度的变化特征。同时，考虑到储层的强非均质性，需要揭示同一样品同一区域在直流电场作用前后表面粗糙度的变化规律。

本书主体主要包括四部分研究内容，分别是致密砂岩室内电动驱替实验研究、直流电场作用下致密砂岩孔隙结构变化特征研究、直流电场作用下致密砂岩表面化学性质变化特征研究和直流电场作用下致密砂岩表面物理性质变化特征研究。拟先进行致密砂岩的电动驱替的室内试验研究，验证直流电场技术在致密砂岩储层上的应用潜力。随后，基于孔隙结构体系、表面化学体系和表面物理体系，开展直流电场对致密砂岩孔隙结构特征和表面润湿性变化特征的研究，基于双电层理论和电动力学理论从三个基础体系中揭示直流电场提高致密砂岩储层采收率的机理，进而为电场相关技术在致密砂岩绿色高效开发、油气与新能源融合工程探索方面提供理论支撑和科学依据。

第2章　致密砂岩室内电动驱替实验研究

直流电场作用会提高常规储层的采收率(11.6% ~17%)，储层采收率的提高在室内一维驱替实验中表现为增加驱油效率。致密砂岩具有从纳米到微米的多尺度孔隙结构，相比常规储层其孔喉更加细小。相关文献表明，更狭窄的孔道会带来更强的电渗冲击力。因此理论上，直流电场在致密砂岩上提高的采收率幅度应高于常规砂岩提高的采收率，但这一猜测尚未在致密砂岩上得到证实。

致密砂岩室内的电动驱替结果是本研究课题开展的现实依据和研究基础。因此，本章基于自主改造的岩心夹持器设备，从电场强度、溶液浓度和不同驱替方式研究了直流电场作用提高致密砂岩的驱油效果。基于电动力学理论，从微观角度分析了直流电场作用提高致密砂岩采收率的潜在机理。需要注意的是，致密砂岩储层的采收率针对矿场应用，而致密砂岩储层的驱油效率针对室内实验。因此，在室内实验中，致密砂岩储层所获取的驱油效率可以代表采收率。

第1节　实验储层样品的地质背景

岩石样品取自中国鄂尔多斯盆地旬邑地区延长组长7段的野外露头。鄂尔多斯盆地被认为是中国第二大沉积盆地，位于中国板块的西北部，如图2-1(a)所示。根据其构造演化特征，鄂尔多斯盆地可划分为6个一级地质构造单元，分别为沂蒙隆起、渭北隆起、晋西挠曲带、天环坳陷、伊陕斜坡和西部冲断带。受渭北隆起影响，目标储层区域位于鄂尔多斯盆地南部，靠近伊陕斜坡位置，见图2-1(b)。其中，渭北隆起系指老龙山断裂以北、建庄-马栏以南，由陇县至铜川、韩城的弧形地区，南北长320km，东西宽80km，范围约$2.2\times10^4km^2$。中新元古代到早古生代是一向南倾斜的斜坡，至中石炭世东西两侧下沉，至中生代形成隆起，是盆地的南部边缘，新生代渭河地区断陷下沉，渭北隆起翘倾抬升，形成现今面貌。隆起区内断层发育，逆断层居多，局部构造成排成带性强，地面构造多为长轴背斜。伊陕斜坡是构成中生界鄂尔多斯盆地主体的西倾平缓单斜。其倾角小，中生界一般小于1°。伊陕斜坡北起乌审旗、鄂托克前旗、伊金霍洛旗，南至正宁、黄陵，西达环县、宁县，东到黄河，面积约为$10\times10^4km^2$。新元古代及早古生代没有接受沉积，仅在中寒武世、早奥陶世沉积了厚500~1000m的海相地层，晚古生代以后接受陆相沉积。伊陕斜坡形成于早白垩世，呈向西倾斜的平缓单斜。以发育鼻状构造为主，形态不规则，方向性差、断层也不发育。

鄂尔多斯盆地延长组为大型内陆淡水湖盆地沉积体系，属于强含油组，受晚三叠系延长组印支运动的影响，地质演化形成的内陆湖盆。根据湖盆演化过程，可以将延长组由下至上分为长10~长1共计10个油层组。长6沉积期湖盆开始收缩，以湖退砂进沉积为主，是湖泊三角洲的主要建设期。其间也经历了多次小规模的湖盆震荡，湖平面产生周期性湖进、湖退，形成一套砂泥岩互层的有利储层。另外，与长6相邻的长7段，沉积期是湖盆发展的鼎盛阶段，水体深度和范围均达到最大，沉积了延长组最主要的一套烃源岩。由此可见，长7段重力流沉积以细砂岩为主，粉砂岩为主要含油层，见图2-1(c)。由于特殊的沉积环境，此区域致密砂岩储层的典型特征是渗透率低于$0.3\times10^{-3}\mu m^2$。

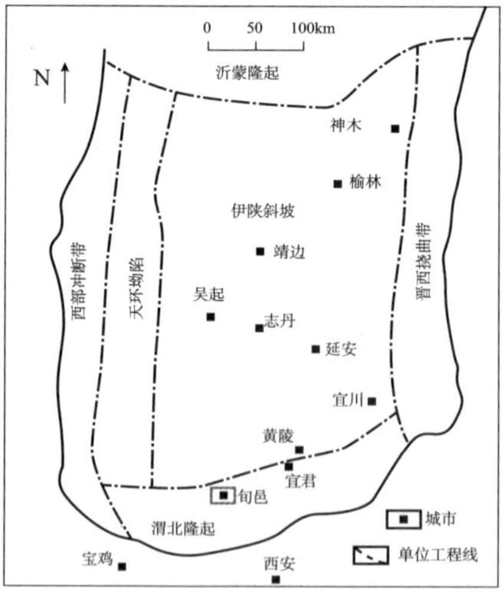

(a)旬邑露头位置

图2-1 旬邑地区地质背景

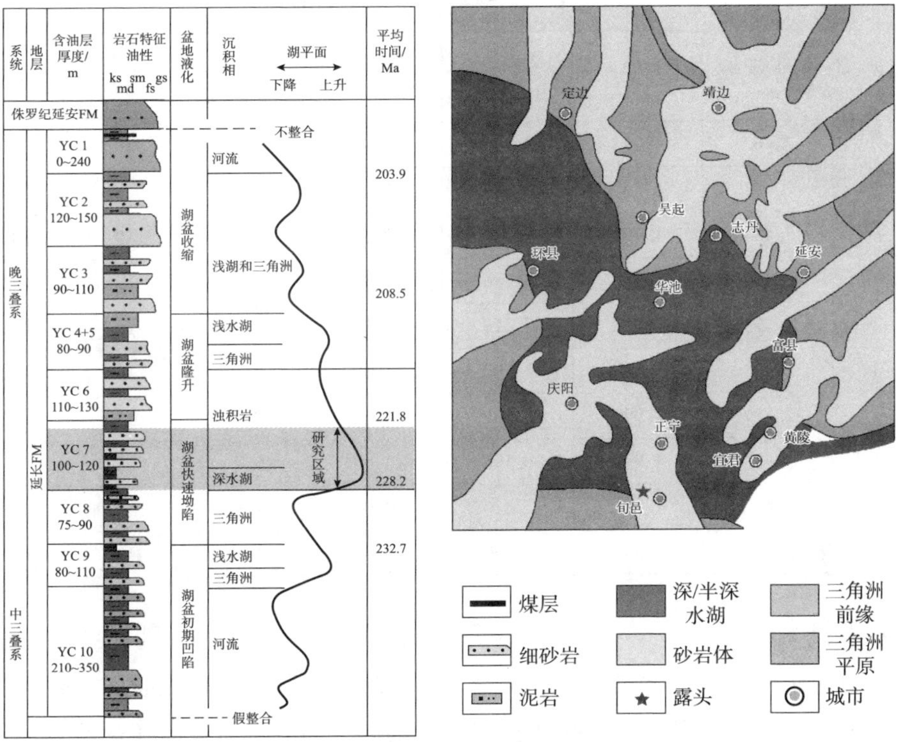

(b)鄂尔多斯盆地长7段特征　　(c)研究露头在相和古地理图中的位置

图 2－1　旬邑地区地质背景(续)

第 2 节　致密砂岩电动驱油实验研究

样品来自上述地质背景下的露头岩心。用 PoroPerm CMS300 脉冲渗透仪在 500psi 围压和 200psi 孔隙压力下测量露头岩心的渗透率和孔隙度。致密砂岩样品的物理参数见表 2－1。由于 5# 白油接近鄂尔多斯的原油性质，本书实验选择 5# 白油来代替目标储层的原油。通过德国布鲁克 D2 PHASER 仪器进行 XRD 衍射结果分析，发现目标致密砂岩露头岩心主要由石英(52.1%)、长石(24.1%)、黏土矿物(14.2%)、白云石(8.2%)和方解石(1.4%)组成。黏土矿物的成分是伊利石/蒙脱石地层(37%)、绿泥石/蒙脱石混层(25%)、高岭石(20%)、蒙脱石(12%)和伊利石(6%)。

表 2－1　致密砂岩样品的物理参数

名称	直径/cm	长度/cm	渗透率/$10^{-3}\mu m^2$	孔隙度/%	浓度/(mol/L)	电场/V	驱替方式
T－1	2.462	4.994	0.240	12.35	0.1	0	常规
T－2	2.453	4.954	0.223	12.49	0.1	5	同时
T－3	2.454	4.993	0.237	12.38	0.1	10	同时
T－4	2.476	4.982	0.286	12.32	0.1	15	同时
T－5	2.478	4.993	0.210	12.52	0.4	10	顺序
T－6	2.488	5.030	0.200	12.40	0.4	10	同时
T－7	2.479	4.998	0.192	12.53	0.7	10	顺序
T－8	2.483	4.993	0.186	12.37	0.7	10	同时
T－9	2.477	4.991	0.320	12.92	1.0	10	顺序
T－10	2.477	5.005	0.230	12.90	1.0	10	同时

作者自主设计了独特的岩心夹持器来引入直流电场作用，如图 2－2 所示。实验装置包括电极夹、聚醚醚酮(PEEK)绝缘树脂、胶套、镀银膜的不锈钢堵头和岩心室。其中，正负电极夹用来形成电场通路，胶套和聚醚醚酮绝缘树脂用来防止电流损害装置。

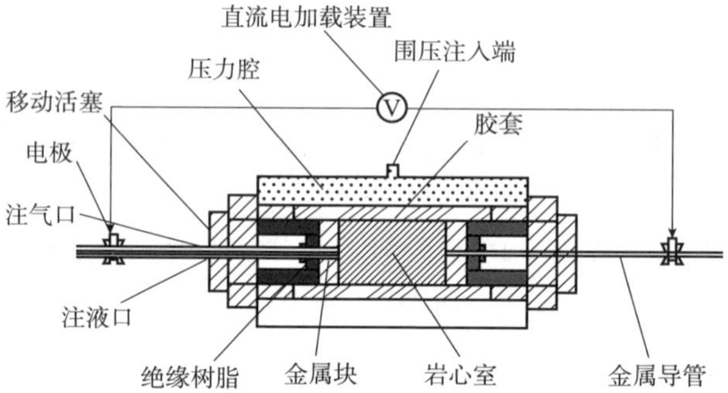

图 2－2　自主设计的岩心夹持器设备

相关文献表明，电场的驱替方式影响储层的驱油效率。常规驱替为不引入直流电场作用下的水驱过程。将直流电场引入致密砂岩储层中有两种方式：顺序驱替和同时驱替。顺序驱替为在常规驱替结束后，引入直流电场作用的方式；同时驱替为从实验开始到结束全程一直伴随直流电场作用的驱替方式。在一维致密砂岩驱替实验中，驱油效率即可评价电场作用下储层的提高采收率效果。

本实验在致密砂岩样品制备完成后分三个阶段进行，致密砂岩电动驱替实验流程如图 2 – 3 所示。

(1)饱和盐水：将干燥后的致密砂岩样品置于自主设计的岩心夹持器中。在 3375psi 围压下设定 0. 1mL/min 的水驱速率，用目标浓度盐水饱和岩心样品，饱和盐水的完成标志是驱替压力保持稳定，且从出口端流出的盐水体积超过至少岩心样品 3 个孔隙体积(Pore Volume，PV)。

(2)饱和油：使用 5# 白油冲刷管线，消除管线对驱油效率计算的影响。将饱和盐水的致密砂岩样品再次放入自主设计的岩心夹持器。设置围压为 3375psi，驱替速度为 0. 05mL/min。饱和过程一直持续到压力保持稳定，且从出口端流出的白油体积超过 3 个孔隙体积。随后，关闭入口阀门，将压力保持在 3375psi 至少 8h 进行老化来模拟真实储层环境。

(3)盐水驱替：将阳极夹和阴极夹施加到岩心支架的注入端和出口端引入直流电场。使用目标浓度的盐水，驱替速度为 0. 02mL/min，围压为 3375psi。采用不同的电动驱替方式(常规驱替、顺序驱替和同时驱替)驱替至含水率达到 98%，随后结束实验。

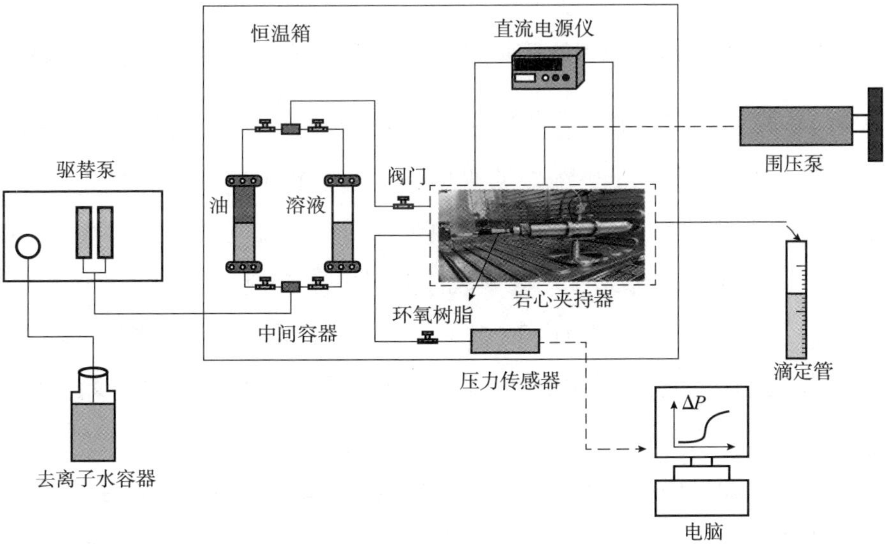

图 2 – 3　致密砂岩电动驱替实验流程图

第3节　不同电场强度下致密砂岩的电动驱替特征分析

4块岩心样品(T1 ~ T4)从同一露头取出，因此可以认为4块岩心样品的基本物理性质(包括孔隙体积)接近。在致密砂岩电动驱替实验结果中，驱油效率与注入PV的关系如图2 - 4(a)所示，驱油效率在不同电压作用下的关系如图2 - 4(b)所示。

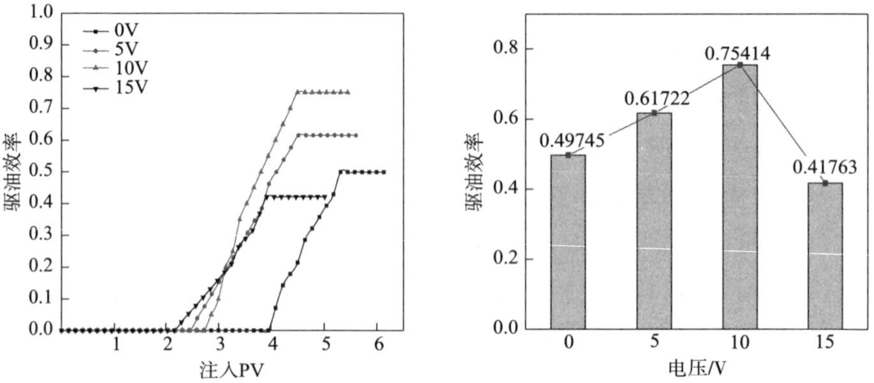

(a)驱油效率与注入PV的关系图　　(b)驱油效率在不同电压作用下的关系图

图2 - 4　致密砂岩电动驱替实验驱油效率与注入PV以及在不同电压作用下的关系图

从图2 - 4(a)中可以看出，施加直流电场作用后，在更少的孔隙体积时开始见油，说明直流电场作用能够缩短见油时间。同时在图2 - 4(b)中观察到存在一个电场强度最佳值。当小于此值时，驱油效率随着直流电场强度的增加而增加，其中最大增加值可以达到50%。这一数值明显大于常规砂岩11.6% ~17%的采收率提高量，从室内驱油实验证实了致密砂岩在直流电场下存在更高的驱油效率的推测。当超过这个最佳值，相比驱油效率得到的最大值，其致密砂岩储层的驱油效率会下降。

双电层是电动机理的基础，同样也是直流电场提高致密砂岩储层采收率机理的研究基础。目前双电层结构主要有双重双电层模型、三重双电层模型和四重双电层模型。双重双电层模型使用PB方程(泊松 - 玻尔兹曼方程)对离子分布进行描述，但是忽略了界面附近的溶剂非均质性特征。四重双电层模型考虑界面吸附的阳离子和阴离子尺寸大小和配体交换，问题过于复杂，仍在研究中。应用最为广泛的是三重双电层模型。Helmholtz 等人首先描述了双电层，反离子和同离子分散分布。Gouy 等人发展了扩散双电层的理论，带电粒子的扩散分布随着离界面的距离远近而变化。Stern 等人提出了扩展双电层理论，认为溶剂是均质介质，实际上，靠近界面时溶剂呈非均质特征。Grahame 等人据此改进了双电层模型，引入 Helmholtz 平面，从而构成三重双电层模型（Gouy-Chapman-Stern-Grahame），如图 2－5所示。

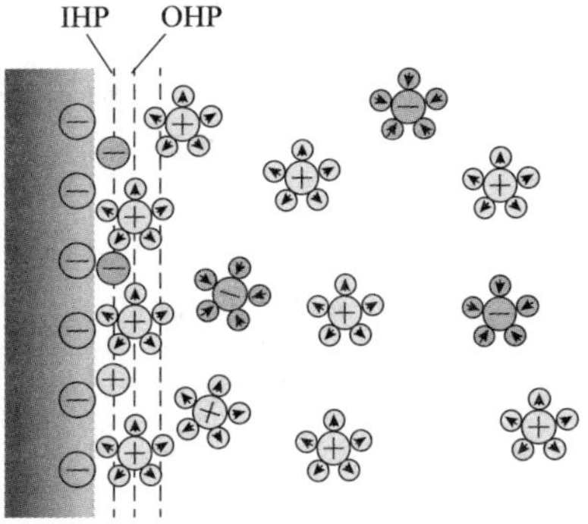

图 2－5　致密砂岩储层表面三重双电层模型

根据电动力学中致密砂岩的电动机理相关理论（图 2－6），在多孔介质引入直流电场作用会产生电渗、电迁移、电解和电泳等电动现象，如图 2－6 所示。致密砂岩带电表面与溶液接触，会吸引溶液中的反离子，排斥同离子，形成双电层（Electric Double Layer，EDL）。由于电场的库仑力驱动双电层的净电荷移动，其产生的水和离子的流动称为电渗流（电渗）。电渗取决于通道的大小，且在较窄的通道中表现出更显著的影响。电迁移是金属离子在电场中的运动。对于储层来说，电极和黄铁矿的 Fe^{3+} 和 Fe^{2+} 以及来自黏土矿物的 Al^{3+} 在电迁移的作用下向着阴极区域的方向移动。此外，电场的法拉第效应会在阳极区域释放氢离子和氧气，在阴极区域释放氢氧化物和氢气，称为电解。因此，在电解作用下，阳极区域和阴极区域的酸碱环境发生变化。电泳是带电胶体颗粒在电场作用下的运动过程。需要注意的是，对于致密砂岩储层，由于黏土矿物的晶格取代、pH 值以及水化的影响，砂岩储层普遍呈现出亲水特性。

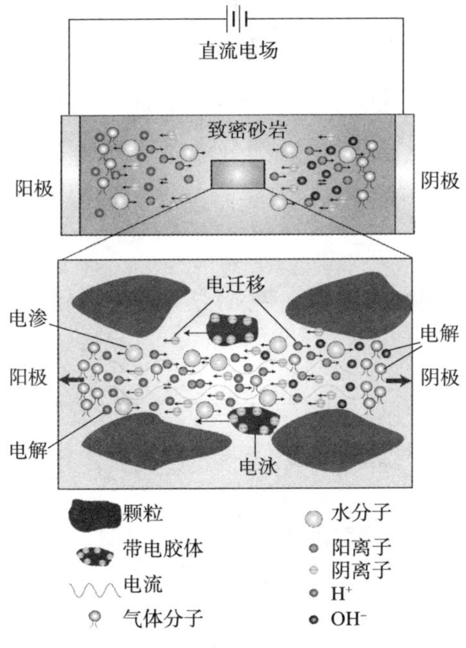

图 2－6　致密砂岩的电动机理示意图

低于最佳电场强度下致密砂岩储层驱油效率增加的认识如下：更高的电场强度意味着更强的电渗力，相当于给溶液施加一个更强的额外力。电渗在润湿相(水)中产生动量，然后通过黏性力转移到非润湿相(油)，形成“水拖拽油”运动。因此，更强电渗效果会缩短见油时间，提高致密储层的驱替效率。同时，矿物表面在电解作用营造的酸碱环境中发生反应，矿物分解形成胶体。对于聚集在孔喉处的黏土矿物来说，通过电泳移动可以降低流体渗流阻力并扩大孔喉半径。因此，直流电场作用提高了致密砂岩的驱油效率。

超过最佳电场强度下致密砂岩储层驱油效率相比最大值降低的原因如下：在高强度直流电场的影响下，氢离子和氢氧根离子运动加快，无法形成有效的酸碱环境。造成酸性和碱性环境减弱，致密砂岩的亲水性也减弱，驱油效率降低。高强度直流电场引起岩样温度升高，增强离子团簇的固结。岩石表面已被离子占据，注入的流体与油的接触时间相对减少，导致驱油效率降低。同时，由于拖拽力效应，胶体和胶束束缚了部分油相。因此，当直流电场强度过大时，阴极区域处的含油量降低，并且在阳极区域处被束缚，从而导致部分油量无法排出。此外，过大的电流强度会阻碍高盐度环境中的物质传输。因此，过高的直流电场强度会降低致密砂岩的采收率。

致密砂岩电动驱替实验过程中的含水率曲线如图 2 -7(a)所示，残余油饱和度曲线如图 2 -7(b)所示。

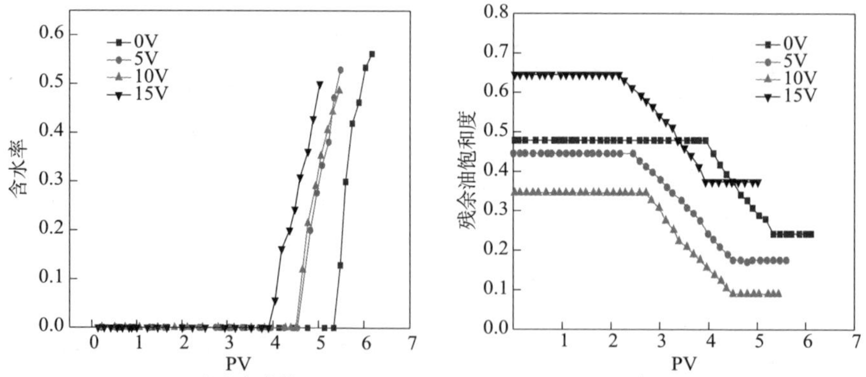

(a)含水率曲线

(b)残余油饱和度曲线

图 2 -7　致密砂岩电动驱替实验过程中的含水率曲线和残余油饱和度曲线图

从图 2 -7(a)的致密砂岩的含水率曲线中可以观察到，随着直流电场作用的引入，驱替过程中的见水时间缩短，且见水时间会随着电场强度的增加进一步缩短。这是由于直流电场的作用增加了欧姆热，降低了盐水的黏度，促使溶液的运动速度加快。此外，增强的电场强度提升了电渗的效果，进而缩短见水时间。

从图2-7(b)的致密砂岩的残余油饱和度曲线中可以看出，在直流电场作用下，储层中的见油时间明显缩短。润湿相的水与非润湿相的油可以进行动量交换，从而形成了在直流电场作用下的“水拖拽油”现象。结合见水时间进行分析，在直流电场作用下，额外的电场驱动力加快了水溶液的运动速度，也加快了油相的运动速度，进而缩短了见水时间和见油时间。需要补充的是，至于为何致密砂岩的含水率曲线图和残余油饱和度曲线图不从0PV开始，主要是由于出口端存在聚醚醚酮材料(绝缘体)的连接帽，所以会先累积一部分油在连接帽中，造成初始的出油量不从0PV开始。

高强度直流电场会进一步缩短致密砂岩储层的见油时间。然而，驱油效率在最佳直流电场强度处达到最大值，意味着见油时间和驱油效率之间没有明显的关系。在直流电场作用下，微粒形成的胶体和胶束将吸附的油相带到阳极区域。因此，部分油相滞留在阳极区域无法被开采出来，这会造成高直流电场作用下驱油效率相对降低的情况。

第4节　不同溶液浓度下致密砂岩的电动驱替特征分析

溶液浓度会影响流体体系中的电导性质，进一步影响致密砂岩的驱油效率。因此，选择不同溶液浓度下(0.1mol/L、0.4mol/L、0.7mol/L和1.0mol/L)的样品(编号为T3、T6、T8和T10)开展了电动驱替实验，研究在直流电场作用下致密砂岩提高采收率的驱替效果。

图2-8描述了不同溶液浓度下，直流电场作用对致密砂岩驱油效果的影响。

图2-9展示了致密砂岩在顺序驱替作用下，不同溶液浓度下的驱油效果。图2-9中横坐标为不同的溶液浓度，纵坐标为驱油效率的增加值，即相比未加直流电场作用下，直流电场作用引起致密砂岩储层原油的额外增加量。从图2-9中可以观察到，当溶液浓度小于0.4mol/L时，低浓度的盐水体系提高了致密砂岩驱油效率增加值；而当溶液浓度超过0.4mol/L时，高浓度的盐水体系降低了致密砂岩驱油效率增加值。因此，0.4mol/L被认为是致密砂岩储层获得最佳驱

油效率时的最佳溶液浓度。

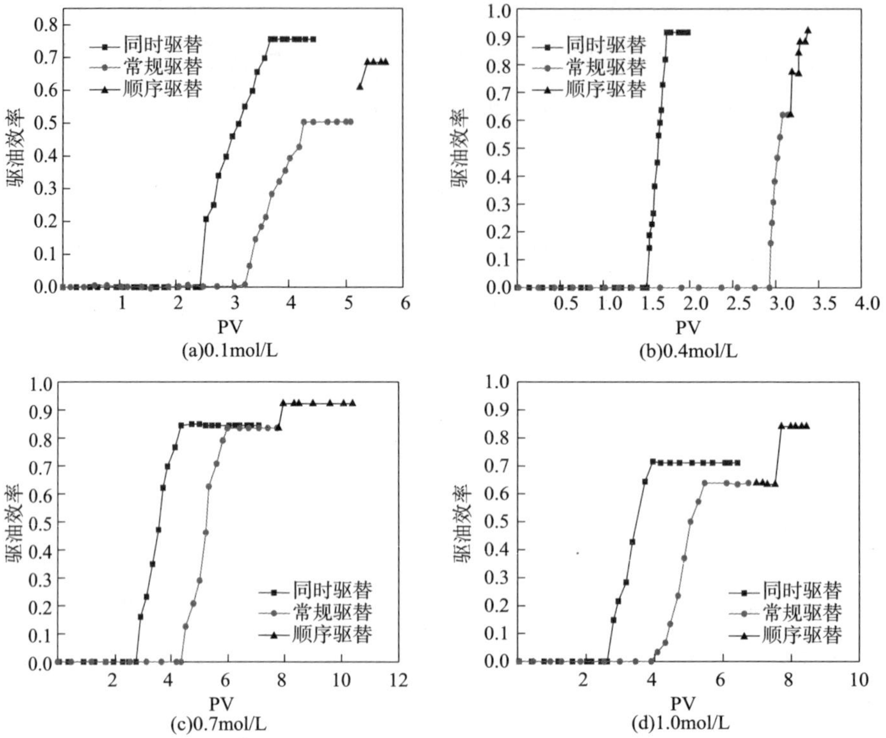

图2－8　不同溶液浓度下，直流电场作用对致密砂岩驱油效果的影响

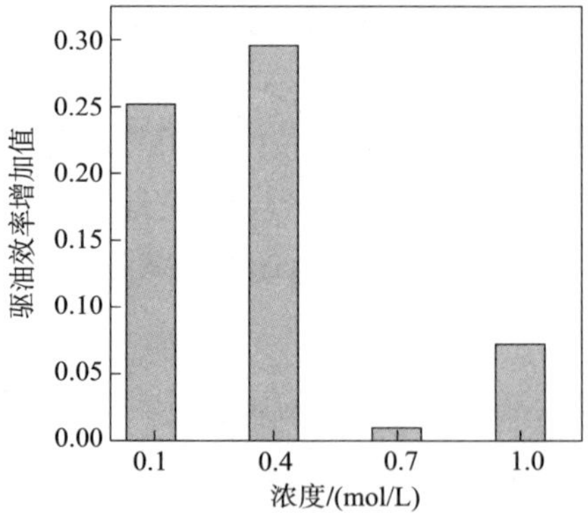

图2－9　致密砂岩在顺序驱替作用下，不同溶液浓度下的驱油效果

分析不同溶液浓度下致密砂岩储层的电动实验结果，认为流动的水分子和相关离子在多孔介质的孔道传输过程中，溶液浓度的提高增强了电渗效果，更多的油相被拖拽，提高了驱油效率。因此，当溶液浓度低于最佳浓度时，溶液浓度的增加提高了致密砂岩的驱油效率；当溶液浓度超过最佳浓度时，溶液的传导性进一步增强，从而远超油相的传导性，导致溶液不会拖拽油相。因此，更多的油相将被保留在孔隙中，造成高浓度溶液体系下致密砂岩储层驱油效率的下降。

致密砂岩电动驱替实验过程中不同溶液浓度下的含水率如图 2 - 10 所示，残余油饱和度如图 2 - 11 所示。

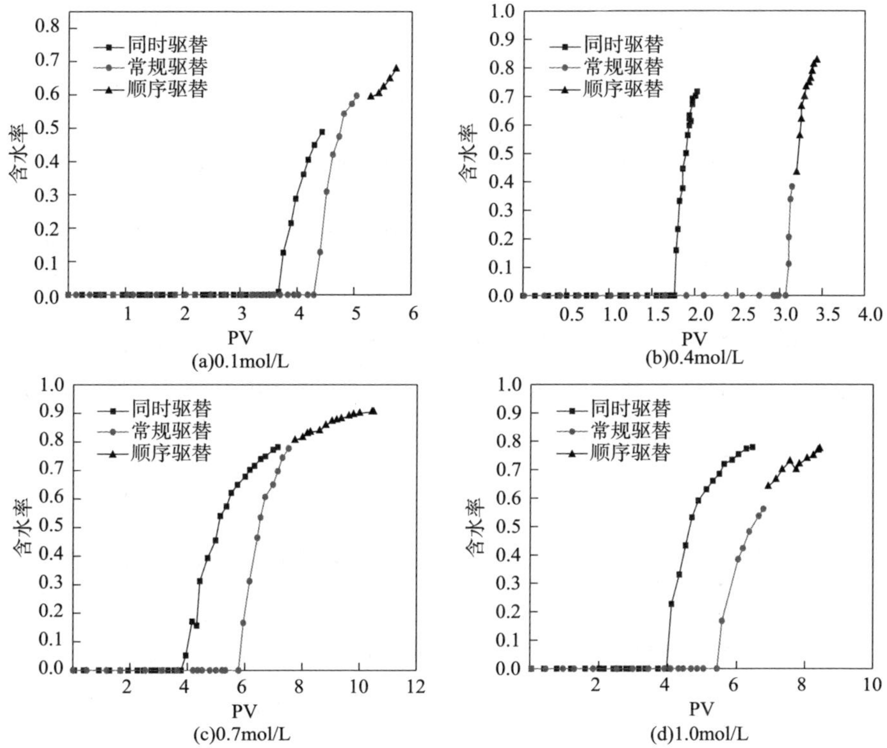

图 2 - 10　致密砂岩电动驱替实验过程中不同溶液浓度下的含水率

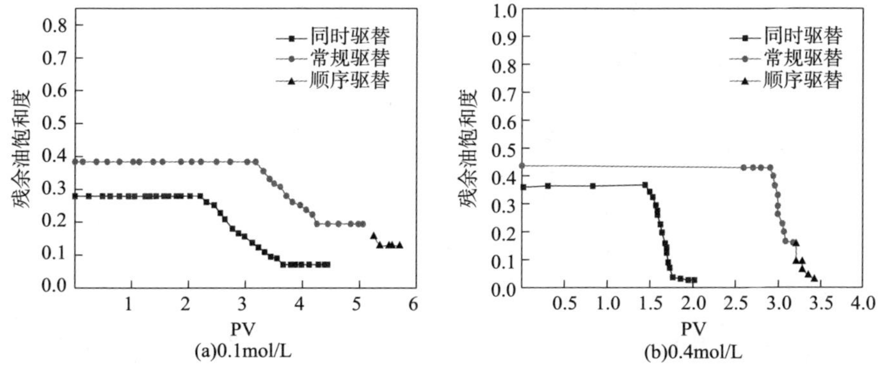

图 2 - 11　致密砂岩电动驱替实验过程中不同溶液浓度下的残余油饱和度

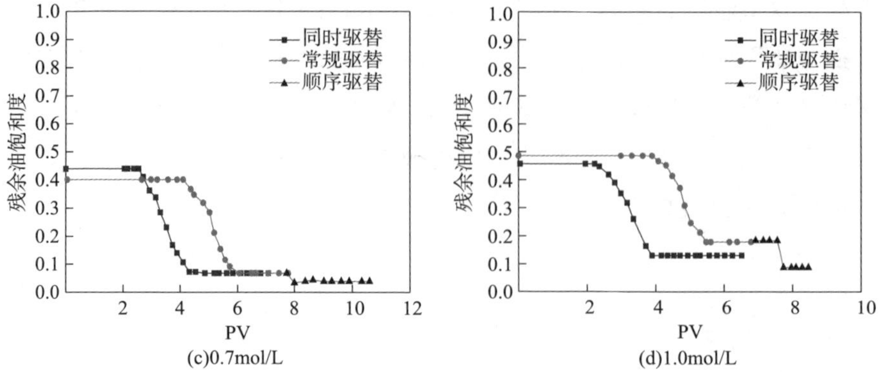

图 2-11　致密砂岩电动驱替实验过程中不同溶液浓度下的残余油饱和度(续)

从图 2-10 和图 2-11 中观察到：直流电场作用缩短了致密砂岩储层的见水时间和见油时间。在 0.4mol/L 的浓度下，其见水时间和见油时间缩短最为显著。溶液浓度的增大会加强电渗的传输能力，见水时间缩短。由于拖拽作用，也缩短了见油时间。然而，当溶液浓度超过最佳浓度时，高浓度环境下，其离子和水分子的运动在直流电场作用下被抑制。

第 5 节　不同驱替方式下致密砂岩的电动驱替特征分析

图 2-12 描述了致密砂岩电动驱替实验过程中不同溶液浓度下不同驱替方式驱油效率的增加值。

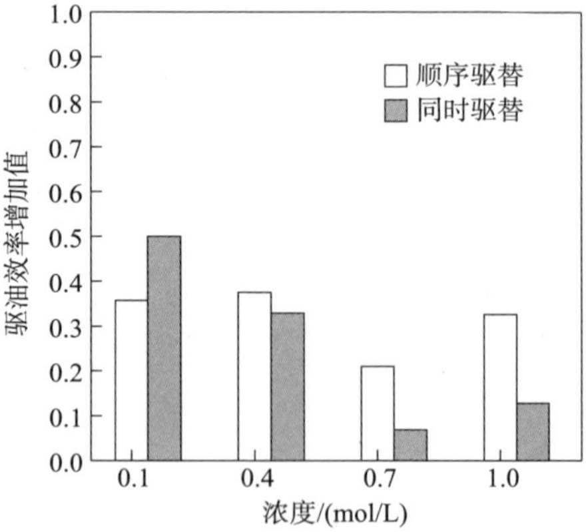

图 2-12　致密砂岩电动驱替实验过程中不同溶液浓度下不同驱替方式驱油效率增加值

从图 2 - 12 中可以观察到，当溶液浓度小于 0.4mol/L 时，同时驱替会比顺序驱替获取更多的油量。当溶液浓度大于 0.4mol/L 时，顺序驱替会比同时驱替获取更多的油量。

分析不同驱替方式对致密砂岩储层电动驱替效果的影响，认为当溶液浓度小于最佳浓度值时，同时驱替比顺序驱替的作用时间更长。这是由于此时电动的作用效果更显著，相当于正向直流电场作用提高了致密砂岩的驱油效率。当溶液浓度大于最佳浓度时，高浓度环境下流体的传输在直流电场作用下受到抑制，造成驱油效率较最大值相对下降。同时，高浓度下的离子固结稳定作用更强，长时间的电场反应造成阳极区域的电迁移效应降低，黏土矿物等聚集在阳极区域，堵塞了流体的运移通道，从而抑制油相的采出。高浓度溶液下，顺序驱替比同时驱替的电场反应时间更短。因此，致密砂岩储层在高浓度溶液下的顺序驱替会比同时驱替获取更多的油量。

第3章　直流电场作用下致密砂岩孔隙结构变化特征研究

储层渗透率决定了流体在多孔介质中的渗流能力，孔隙度决定了含碳化合物在多孔介质中的储存能力。这两种物性参数和储层的采收率密不可分，而决定这两种物性参数的是岩石的孔隙结构特征。因此，厘清直流电场作用下孔隙结构的变化特征对于揭示电场提高采收率机理至关重要，需要开展直流电场作用下致密砂岩孔隙结构的变化特征研究。

本章基于不同的实验探测方法系统研究了在直流电场作用下致密砂岩的孔隙结构变化特征，从多尺度方面着重分析了孔隙结构变化机理。通过剖析多区域内孔隙结构变化特征，揭示了致密砂岩储层中阳极区域、中间区域和阴极区域的孔隙结构变化机理。构建物性参数和孔隙结构特征的关系，结合电动驱替实验结果，从孔隙结构角度揭示了直流电场作用提高致密砂岩采收率机理。

第1节　致密砂岩孔隙尺度划分研究

一、核磁共振与高压压汞的孔隙转化关系研究

共振是将能量从振动的物体传递到另一个物体带动运动，而后者会以前者相同的频率进行振动。由此可以看出，共振的条件是相同的频率，本质上是能量的传递。从微观角度剖析，如果给处于主磁场的样品一个射频脉冲，这个射频脉冲的能量将会传递给样品的低能级质子，处于低能级的质子获取能量后会跃迁到高能级，这就是核磁共振。核磁共振包括纵向弛豫和横向弛豫。其中，弛豫时间包括两种：T_1(纵向弛豫时间)和T_2(横向弛豫时间)。需要注意的是，由于T_1采集点数较少，通常只有20~40点，无法充分反映样品的信息量，同时，T_1测试较

为耗时，因此，核磁共振在应用过程中通常选用 T_2 来开展弛豫分析。T_2 值的大小往往与被探测孔隙的大小有关。因此，核磁共振是检测材料孔隙结构特点的技术，由于其无损特性，在油气行业中应用广泛。核磁共振通过分析 T_2 谱信号的强度，可以进一步评估储层的孔隙结构。

T_2 可以表达为：

$$\frac{1}{T_2}=\frac{1}{T_{2S}}+\frac{1}{T_{2D}}+\frac{1}{T_{2B}} \tag{3-1}$$

式中，T_{2D}为扩散弛豫；T_{2B}为体相弛豫；T_{2S}为表面弛豫，指孔隙的表面积(S)/体积(V)之比。

基于此，T_2 的表达式可以进一步表示为：

$$\frac{1}{T_2}=\rho_2\left(\frac{S}{V}\right)+\frac{1}{T_{2D}}+\frac{1}{T_{2B}} \tag{3-2}$$

式中，ρ_2 为岩石侧向 T_{2S}强度。

通过磁场调整以及考虑强的固–液相互作用，通常可以消除 T_{2D}和 T_{2B}的影响。因此，T_2 主要和 T_{2S}有关，表达式变化为：

$$\frac{1}{T_2}=\rho_2\left(\frac{S}{V}\right) \tag{3-3}$$

将公式(3–3)进一步转化为：

$$\frac{1}{T_2}=\rho_2\left(\frac{F_s}{r}\right) \tag{3-4}$$

式中，r 为孔隙半径，F_s 为孔隙形状系数，随孔隙形状的变化而变化。

由公式(3–4)，可得到公式(3–5)和公式(3–6)：

$$T_2=Cr \tag{3-5}$$

$$C=\frac{1}{F_s\rho_2} \tag{3-6}$$

从公式(3–5)中可以看出，T_2 与孔径参数存在线性关系。因此，通过 T_2 值的变化规律，可以进一步评估储层孔隙的分布特征。同时，借助转移系数 C，可以将 T_2 曲线转化为孔径分布曲线(Pore Size Distribution，PSD)。

目前，相关文献表明，主要通过高压压汞(High Pressure Mercury Injection，HPMI)的孔喉分布曲线和核磁共振曲线来进行相互转化，在转化关系中往往采用线性关系来确定转化系数。近年来研究学者提出一种高适应性的幂律表达式来进行 T_2 曲线和孔径分布曲线的转换。

此时，公式(3－4)转变为：

$$\frac{1}{T_2}=\rho_2\left(\frac{F_s}{r^n}\right) \tag{3-7}$$

式中，F_s 为换算系数。

孔径分布需要进一步从高压压汞的孔喉分布曲线得到：

$$r=c_1 r_t \tag{3-8}$$

式中，r 为孔径尺寸；r_t 为孔喉尺寸；c_1 为转换系数。

结合公式(3－7)和公式(3－8)，得到：

$$\frac{1}{T_2}=\rho_2\left[\frac{F_s}{(c_1 r_t)^n}\right] \tag{3-9}$$

公式(3－9)进一步简化为：

$$T_2=\frac{c_1{}^n r_t{}^n}{\rho_2 F_s} \tag{3-10}$$

$$T_2=C r_t{}^n \tag{3-11}$$

$$C=\frac{c_1{}^n}{\rho_2 F_s} \tag{3-12}$$

式中，C 为幂律模型中的转化系数。当 n 等于 1 时，幂律模型转化为线性模型。因此，相比线性模型，幂律模型表现出更强的适用性。本书也采用幂律模型确定核磁共振曲线的转化系数。

二、弛豫时间转化孔喉分布曲线分析

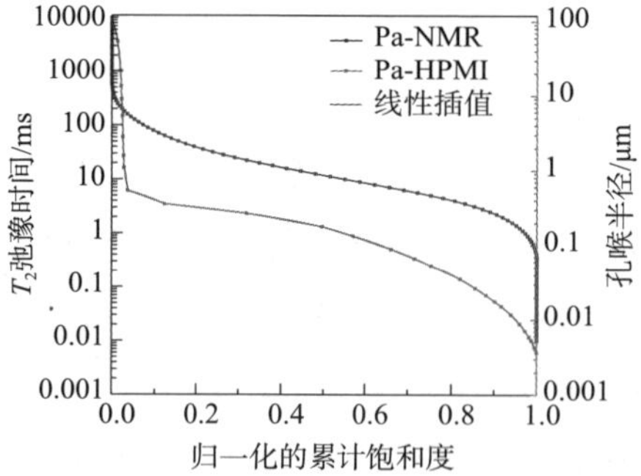

图 3－1　致密砂岩同一样品下核磁共振的归一化累计饱和度曲线和高压压汞的孔喉分布曲线

图 3－1 展示的是致密砂岩同一样品下核磁共振的归一化累计饱和度曲线和高压压汞的孔喉分布曲线。核磁共振实验具体细节参见本章第 2 节，高压压汞实验具体细节参见本章第 3 节。

基于线性插值方法从核磁共振累计饱和度曲线和高压压汞孔喉分布曲线中各选择 1000 个对应点。将这 1000 个对应点以 T_2 为 X 轴，高压压汞的孔喉半径为 Y 轴作图。通过幂律方程拟合数据点获取相关拟合参数，如图 3－2 所示。通过幂律模型拟合参数，可以将核磁共振曲线转化为孔径分布曲线，如图 3－3 所示，高压压汞曲线和核磁共振曲线达到了较好的匹配性。

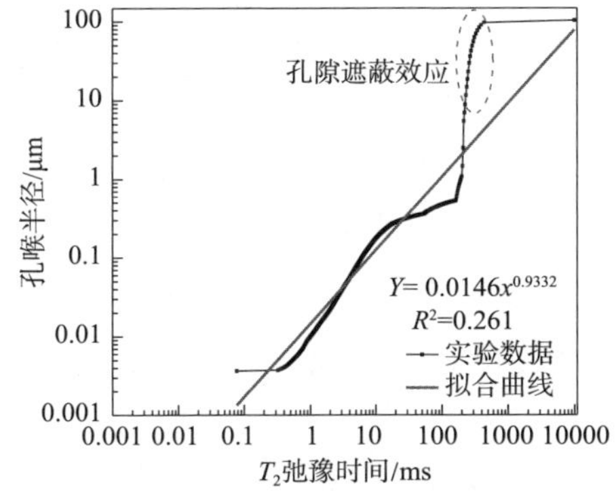

图 3－2　致密砂岩幂律函数拟合结果

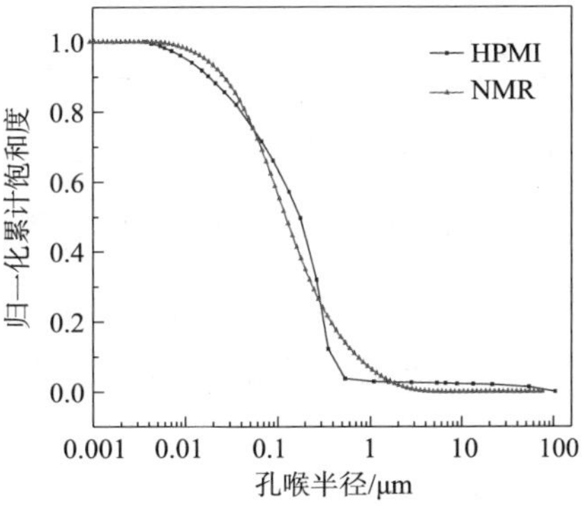

图 3－3　致密砂岩核磁共振转化孔喉分布曲线

三、致密砂岩孔隙尺度的划分分析

致密砂岩的孔隙结构呈现出从纳米级到微米级的多尺度特性，但以 0.1～1μm 的亚微米尺度为主。因此，为了区分各个尺度区域，很有必要对致密砂岩进行孔隙分类。目前，已有多种方案用来划分致密砂岩的孔喉。考虑到致密砂岩孔隙的独特分布，结合相关文献，本书认为纳米孔（＜0.1μm）、亚微米孔（0.1～1μm）和微米孔（＞1μm）的分类标准适合于致密砂岩储层。在转换核磁共振曲线的 T_2 数据后，我们经过幂律模型拟合发现 0.1μm 和 1μm 孔径分别对应核磁共振曲线中 8ms 和 93ms 的横向弛豫时间。即弛豫时间为 0.01～8ms 的为致密砂岩的纳米孔，8～93ms 的为致密砂岩的亚微米孔，超过 93ms 的为致密砂岩的微米孔。

第 2 节　不同直流电场强度下的致密砂岩孔隙结构影响研究

一、直流电场下致密砂岩核磁共振实验研究

岩心样品来自本书第 2 章地质背景，致密砂岩样品岩心的基础物性参数如表 3－1 所示。

表 3-1　致密砂岩样品岩心的基础物性参数

岩样	长度/mm	直径/mm	孔隙度/%	渗透率/$10^{-3}\mu m^2$	电压/V
R1-U	49.64	25.48	12.272	0.104	10
R2-U	50.58	25.20	12.852	0.157	20
R3-U	50.10	25.20	12.285	0.108	30
R4-U	50.26	25.20	12.502	0.142	40

相关文献表明原油具有非导电性。向致密砂岩油藏引入直流电场作用本质上是改变岩石-溶液界面之间的相互作用。因此，本实验中岩心仅饱和溶液，不饱和原油。由此，核磁共振信号将来源于溶液中的氢离子，更加准确地表征在直流电场作用下致密砂岩的微观孔隙变化特征。基于此，本实验的具体步骤为：

(1)将长度为5cm、直径为2.5cm的致密砂岩样品置于烘干箱内，温度设为105℃，时间为12h。随后，测量样品渗透率并编号。

(2)更低浓度的溶液会降低溶液体系的导电性，从而缓解致密砂岩采收率反转的现象。因此，选择0.05mol/L的氯化钠作为地层溶液对目标岩样进行饱和。采用抽真空加压饱和的方式使用同一溶液对4块目标样品进行饱和。抽真空时间为8h，加压饱和(18MPa)时间为8h。

(3)将饱和后的样品放置在英国牛津仪器MQR中(循环延迟：1000ms，扫描次数：64次，T_2最大值：300ms，回波次数：7500次)进行核磁测量实验。此时总体孔隙度为直流电场作用前岩心样品的孔隙度。

(4)将饱和后的样品放入自主设计的岩心夹持器中。相关文献表明，高围压会引起应力敏感性，造成致密砂岩的孔隙结构发生变化，由此对应的核磁共振曲线也会发生变化。为了消除高围压引起的应力敏感影响，在本实验过程中采用低围压开展直流电场作用处理(1MPa)，处理时间为24h。

(5)直流电场作用施加结束后，在致密砂岩的多孔介质内由于电解作用会产生氢气和氧气，这将影响核磁共振曲线的结果。因此，将直流电场作用处理后的样品再次放置在恒温箱中，以105℃进行12h的烘干。

(6)烘干过程结束后，采用同样的手段，再次测量渗透率和孔隙度，并饱和样品及测量致密砂岩的核磁共振曲线，实验流程如图3-4所示。

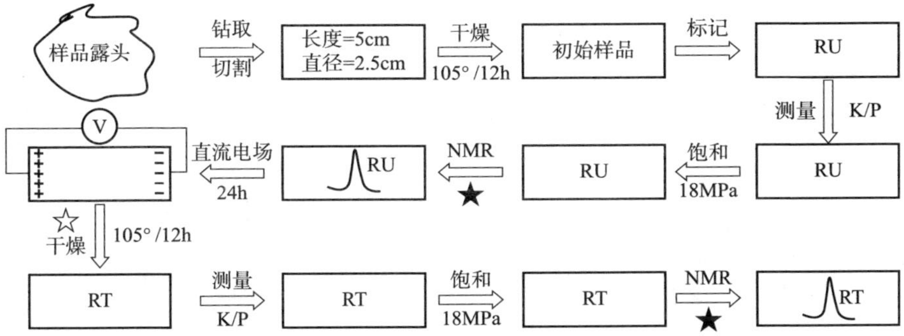

图 3－4　不同直流电场强度下致密砂岩核磁共振实验流程

二、不同直流电场强度下致密砂岩核磁共振曲线分析

分别获取了未经过直流电场作用处理和直流电场作用处理后(5V、10V、15V、20V、30V 和 40V)的核磁共振曲线，实验结果如图 3－5 所示。

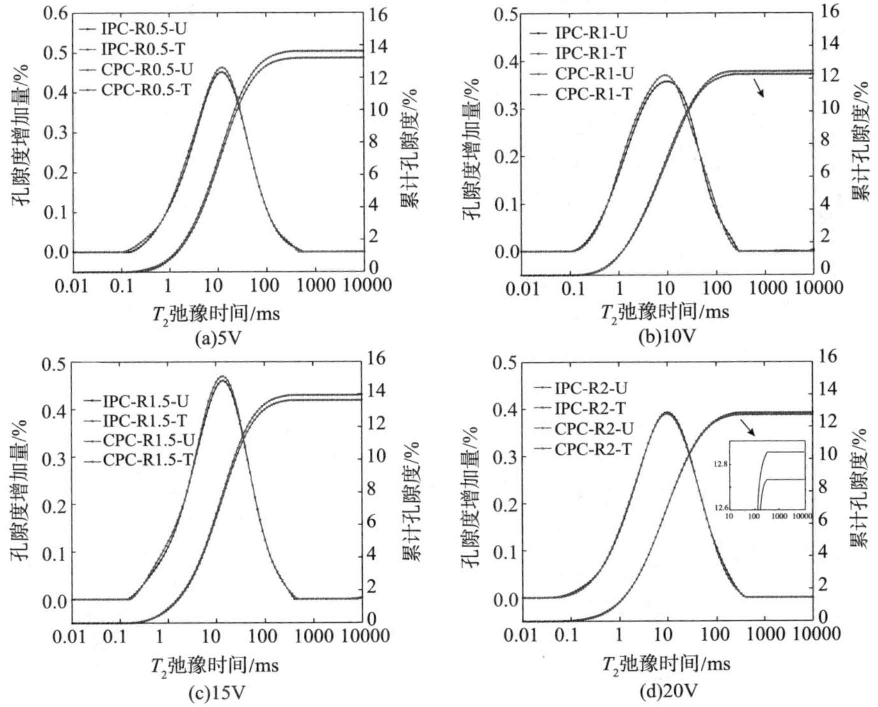

图 3－5　不同直流电场强度下直流电场作用处理前后的核磁共振曲线

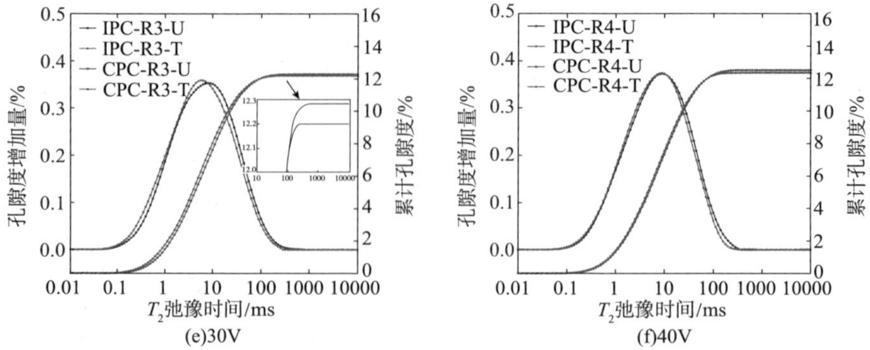

图3-5　不同直流电场强度下直流电场作用处理前后的核磁共振曲线(续)

图3-5表明，当直流电场强度低于20V时，致密砂岩的总孔隙度呈增加趋势。当直流电场强度大于20V时，致密砂岩的总孔隙度呈降低趋势。这一规律表明：低强度直流电场作用提高了致密砂岩的总孔隙度，而高强度直流电场作用呈相反的效果。这符合致密砂岩电动驱替物理模拟实验的结果。

由于致密砂岩核磁共振曲线的变化特征差异较小，选择4块样品进行了重复实验，如图3-6所示。

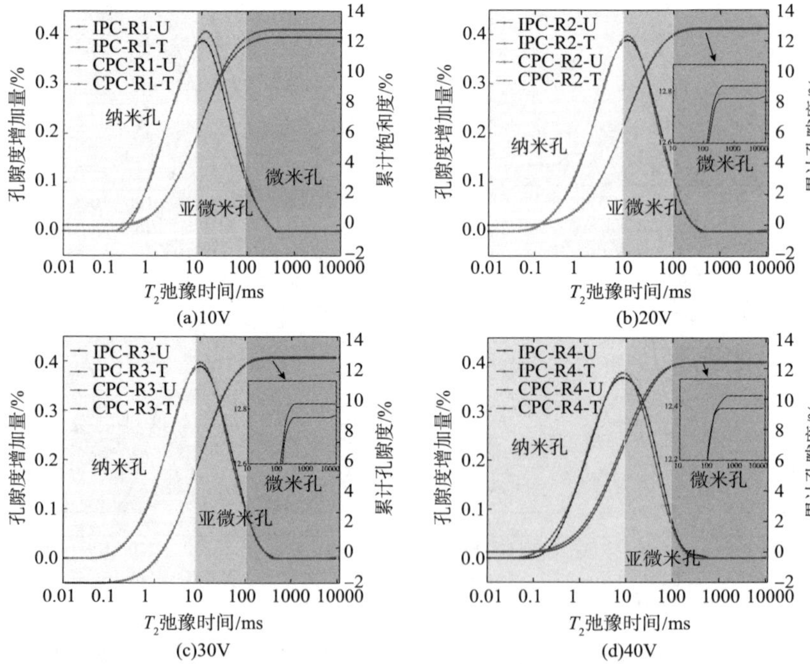

图3-6　不同直流电场强度下致密砂岩重复处理前后的核磁共振曲线变化

将不同直流电场强度处理前后致密砂岩的渗透率和孔隙度进行测量并分析，如图 3 －7 所示。

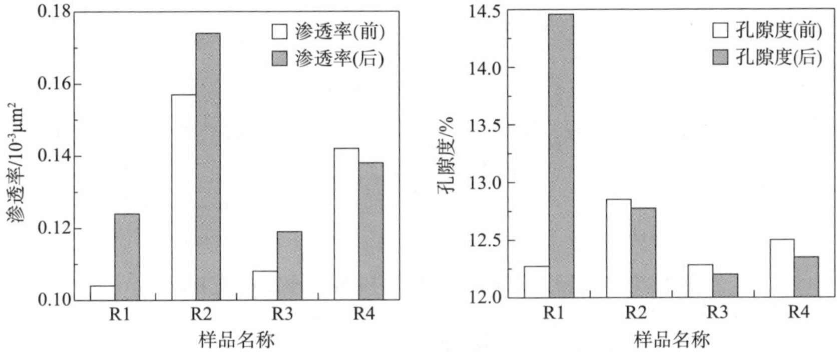

(a)渗透率测量结果　(b)孔隙度实验结果

图 3 －7　直流电场作用前后致密砂岩的渗透率和孔隙度结果

渗透率测量结果[图 3 －7(a)]和孔隙度实验结果[图 3 －7(b)]表明，低强度直流电场作用会增加致密砂岩的渗透率和孔隙度，高强度直流电场作用会降低致密砂岩的渗透率和孔隙度。

根据高压压汞和核磁共振曲线的转化关系，将致密砂岩的核磁共振曲线依据孔隙尺度大小划分为纳米孔(0.01 ~8ms)、亚微米孔(8 ~93ms)和微米孔(93 ~1000ms)。依据多尺度的划分开展更深入的分析。

三、纳米孔隙变化规律研究

图 3 －8 显示了对致密砂岩施加不同直流电场强度时纳米级孔隙的核磁共振曲线变化特征。

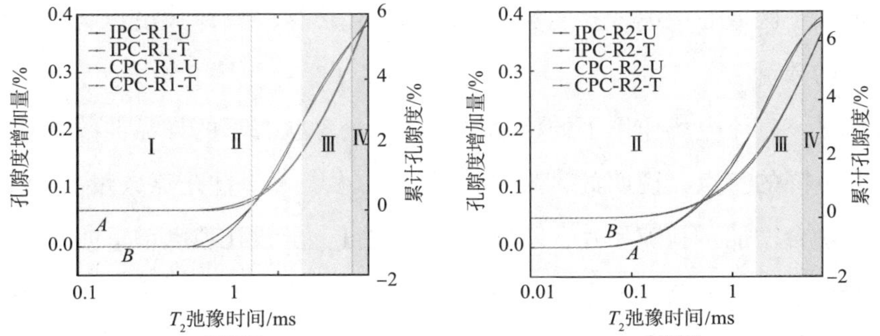

(a)10V　(b)20V

图 3 －8　致密砂岩纳米尺度的核磁共振曲线变化

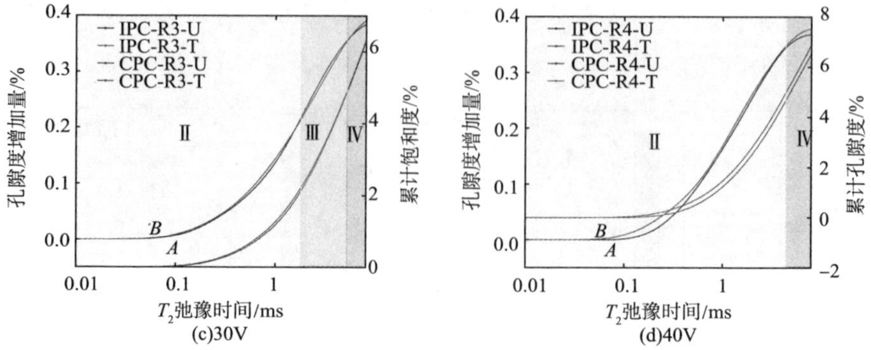

图3－8　致密砂岩纳米尺度的核磁共振曲线变化(续)

根据未处理状态和直流电场作用下的孔隙度增量曲线(Increased Porosity Curve，IPC)的强弱特征，在低强度直流电场(＜20V)作用下针对致密砂岩储层的核磁共振曲线建立了四个区域。

区域Ⅰ：岩心样品在直流电场作用后的孔隙度增量曲线强度低于未处理样品的孔隙度增量曲线强度，表明区域Ⅰ中纳米孔数量在直流电场的作用下减少。直流电场作用下样品的起点(B)大于未处理状态下样品的起点(A)，表明该区域的纳米孔尺寸随直流电场的引入增大。纳米孔尺寸由于电渗的冲击而扩大，这解释了曲线起点的右移。结合区域Ⅰ纳米孔隙数量减少的特点，认为孔隙尺寸的增大在电渗的作用下会发生孔隙融合现象，进而减少了此区域纳米孔的数量，增大了纳米孔的尺寸。

区域Ⅱ：岩心样品在直流电场作用后的孔隙度增量曲线强度高于对应未处理状态下的样品，表明区域Ⅱ中纳米孔数量增加。如前所述，除了区域Ⅰ孔隙融合的作用增加了区域Ⅱ中纳米孔的数量，电解作用产生的气体逸出也会增加区域Ⅱ中纳米孔的数量。

区域Ⅲ：直流电场作用下的样品曲线与未处理状态下的样品曲线相比，表现出右移和下降的特点，说明此区域纳米孔的尺寸增大，且孔隙数量减少。由此，推断孔隙融合增加了孔隙尺寸，降低了孔隙数目，导致孔隙度增量曲线右移。

区域Ⅳ：直流电场作用下样品的孔隙度增量曲线强度有所增加，表明区域Ⅳ中纳米孔的数量增加。

同时，观察到直流电场作用下致密砂岩样品的累计孔隙度曲线(Cumulative

Porosity Curve，CPC)低于未处理状态下样品的累计孔隙度曲线，表明纳米孔的总孔隙度随着低直流电场的引入而降低，分析认为主要是由孔隙融合引起的孔隙数目的减少而导致总孔隙度的降低。

高强度直流电场(≥20V)会导致区域Ⅰ消失，*A*、*B*起点重叠，区域Ⅱ的范围扩大。区域Ⅱ的特征是直流电场作用下纳米孔隙数目增多。结合区域Ⅰ的变化特征，认为高强度直流电场加强了电渗和电解的影响，更多的区域Ⅰ纳米孔生成并融合成区域Ⅱ的孔隙，导致区域Ⅱ的范围在更短时间内出现，范围扩大。同时，伴随着区域Ⅰ消失。在直流电场(40V)的作用下，区域Ⅲ消失。区域Ⅲ代表直流电场作用下孔隙数量减少，孔隙尺度增大。这是由于高强度直流电场作用下，更多的孔隙出现并融合，导致孔隙数量增多，区域Ⅱ范围扩大。

高强度直流电场作用下致密砂岩的累计孔隙度曲线高于未处理状态下的累计孔隙度曲线，说明致密砂岩的纳米孔隙度进一步增大。这主要是由于高强度直流电场作用加速了电渗和电解作用，生成更多的孔隙，加快孔隙融合现象。

简而言之，致密砂岩的纳米孔隙随着直流电场强度的提高表现出更加发育的状态，相应的孔隙数目和尺度均表现一定程度的增加。

四、亚微米变化规律研究

图3-9显示了对致密砂岩施加不同直流电场强度时亚微米级孔隙的核磁共振曲线变化特征。

根据低强度直流电场作用下致密砂岩样品的孔隙度增量曲线和未处理状态下的孔隙度增量曲线强弱特征将亚微米尺度进行区域分类。

区域Ⅰ：直流电场作用下的样品孔隙度增量曲线强度高于未处理状态下的样品孔隙度增量曲线，说明亚微米孔的数量因直流电场的引入而增加。另外，红色曲线相比黑色曲线右移，认为低强度直流电场作用增加了亚微米孔的尺寸。总之，低强度直流电场作用增加了亚微米孔的尺寸和数量。由于电渗和电解的作用，电解产生的气体通过从基质中逸出而增加了亚微米孔的数量。电渗和气体促进孔隙融合，增大了孔隙尺度。从累计孔隙度曲线的结果可以看到，在直流电场作用下，致密砂岩的总孔隙度增大。

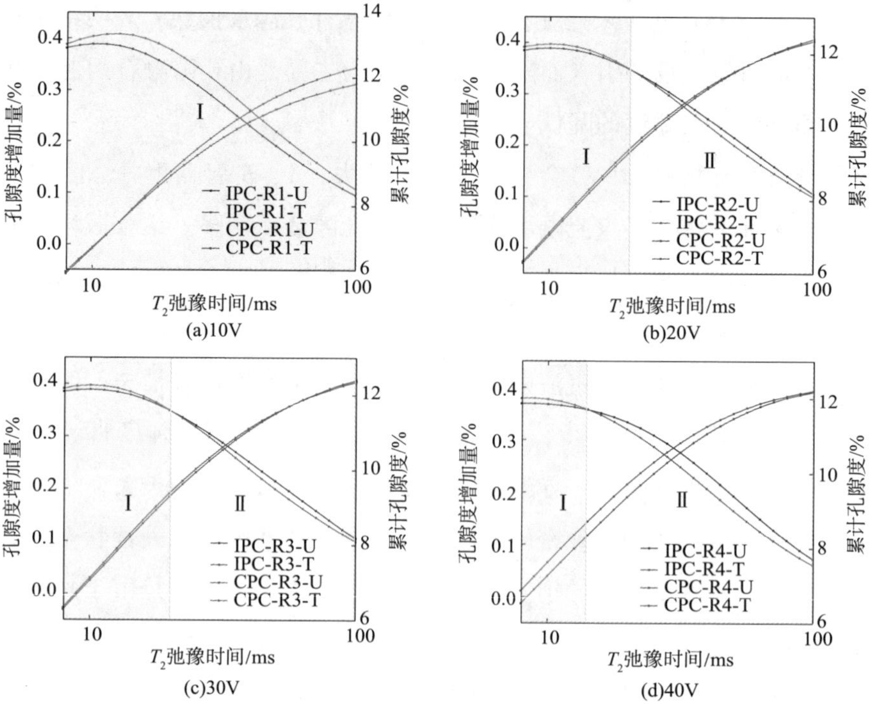

图3－9　对致密砂岩施加不同直流电场强度时亚微米级孔隙的核磁共振曲线变化

区域Ⅱ：高强度直流电场作用下，出现了区域Ⅱ，侧面反映出致密砂岩的亚微米孔隙数量减少。在40V的直流电场强度下更为明显。区域Ⅱ的范围扩大，说明随着直流电场强度的增加，区域Ⅱ会在更短时间内出现。

孔喉壁含有黏土矿物，这将阻碍溶液的流动。直流电场作用产生的电解作用会引起pH值的变化，酸碱环境会将黏土矿物降解为亚微米级胶体。在电渗、电泳和电迁移的作用下，堵塞孔喉的黏土矿物被去除。因此，孔喉的尺寸从亚微米孔增加到微米孔范围，造成亚微米孔隙数量的减少。同时，孔隙融合作用也促进致密砂岩将更多的亚微米孔转化为微米孔。基于这两种原因，亚微米孔的数量随直流电场作用的引入而减少。高强度直流电场作用会促进电动力学行为，导致区域Ⅱ在更短时间内出现。

在20V和30V的电场强度下，直流电场作用下的样品累计孔隙度曲线略高于未处理状态下的样品累计孔隙度曲线。在40V时，直流电场作用下的样品累计孔隙度曲线明显低于未处理状态下的样品累计孔隙度曲线，这是因为高强度的直流电场加强了电动力学的作用，导致更多的亚微米孔转变为微米孔。亚微米孔数量的减少造成致密砂岩总孔隙度在亚微米范围的降低。

五、微米变化规律研究

图 3－10 显示了对致密砂岩施加不同直流电场强度时微米级孔隙的核磁共振曲线变化特征。

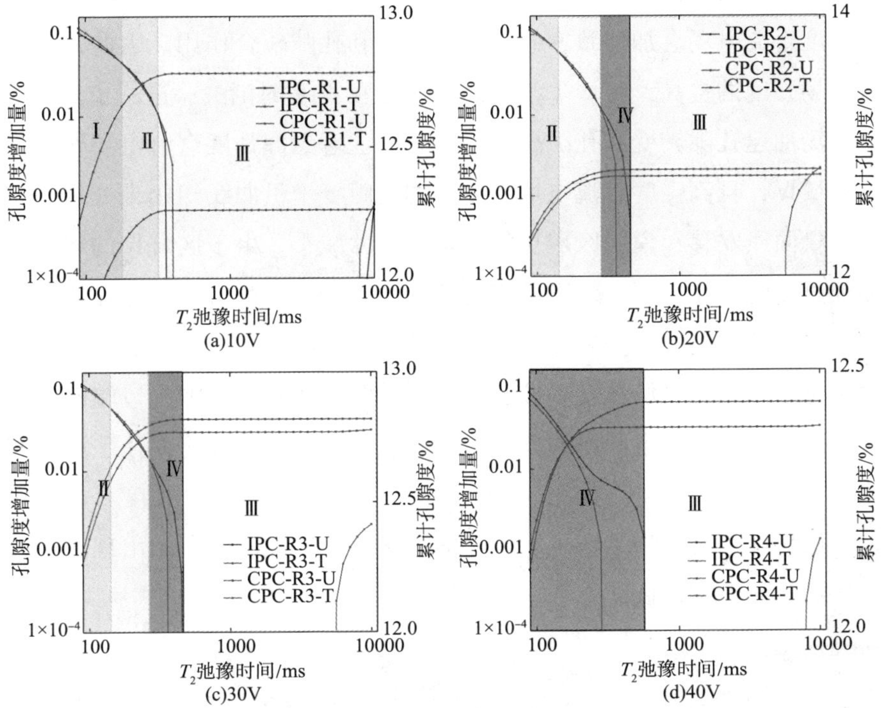

图 3－10　对致密砂岩施加不同直流电场强度时微米级孔隙的核磁共振曲线变化

低强度直流电压作用下，根据样品处理前后的孔隙度增量曲线强弱特征将微米范围划分为三个区域。

区域Ⅰ：直流电场作用下，处理后的样品孔隙度增量曲线高于未处理状态下的样品孔隙度增量曲线，说明微米孔隙的数量增加。由于黏土矿物从堆积的孔喉中移动和电动力学引起的孔隙融合，低强度直流电场导致亚微米孔转变为微米孔，从而造成区域Ⅰ微米孔隙数量的增加。

区域Ⅱ：直流电场作用下的样品孔隙度增量曲线低于未处理状态下的样品孔隙度增量曲线，说明致密砂岩的区域Ⅱ范围内微米孔的数量减少。

区域Ⅲ：直流电场作用下的样品孔隙度增量曲线相比未处理状态下的样品孔隙度增量曲线右移，说明此区域的孔隙尺度增大。结合区域Ⅱ微米孔数量降低以及区域Ⅲ孔隙尺度增大，认为是孔隙融合作用促使区域Ⅱ的孔隙融合形成更大尺度的区域Ⅲ孔隙，从而减少了区域Ⅱ的孔隙数量，进而增大区域Ⅲ孔隙的尺度。同时，在直流电场作用下，观察到 T_2 超大值的出现，说明直流电场作用诱导促进微裂缝的发育。

高强度直流电场会加速致密砂岩孔隙转变和孔隙融合作用。因此，观察到随着直流电场强度的提高，区域Ⅰ消失。区域Ⅱ在 40V 时消失，进一步支持了高强度直流电场加速孔隙转变和孔隙融合的猜想。注意到高强度直流电场作用下，出现新的区域Ⅳ，且高强度直流电场作用后的孔隙度增量曲线相比未处理状态下的孔隙度增量曲线左移，说明区域Ⅳ的微米孔尺寸减小。由于区域Ⅳ的影响，观察到高强度直流电场作用下，致密砂岩的总孔隙度降低。区域Ⅳ的存在或许是引起致密砂岩采收率在高强度直流电场作用下反转的原因。

在对比不同直流电场强度下致密砂岩电动驱替实验过程中出口端的流体特征时，观察到高强度直流电场作用下会出现红色沉淀物。此沉淀物几乎没有在低强度直流电场的作用下产生，如图 3－11 所示。结合区域Ⅳ在高强度直流电场作用下出现，认为红色沉淀物堵塞了区域Ⅳ的微米孔，造成区域Ⅳ的出现，从而引起致密砂岩的总孔隙度降低。

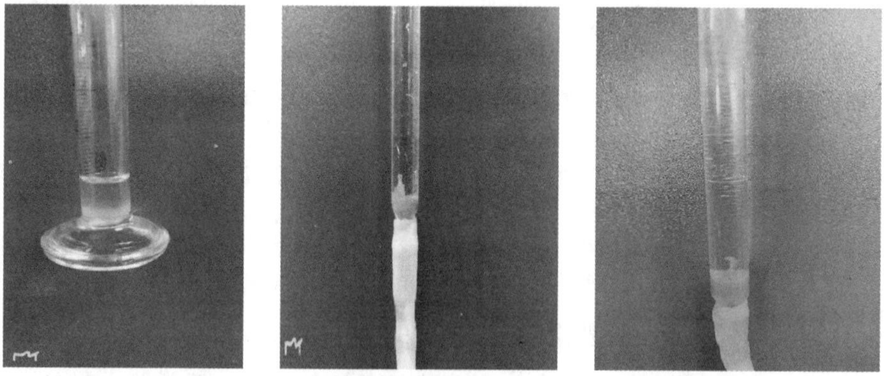

(a)溶液浓度为0.1mol/L，直流电场强度为10V　(b)溶液浓度为0.7mol/L，直流电场强度为10V　(c)溶液浓度为0.1mol/L，直流电场强度为20V

图 3－11　致密砂岩电驱实验过程中不同条件下的流出物

六、不同电场强度下致密砂岩孔隙结构变化的电动机理分析

基于不同直流电场强度引起致密砂岩多尺度范围(纳米、亚微米和微米)的孔隙结构变化特征，进一步分析直流电场作用改变致密砂岩孔隙结构机理。

1)纳米尺度

实验结果表明，低强度直流电场促进致密砂岩纳米孔隙的发育，高强度直流电场加速纳米孔隙的发育。直流电场作用下，存在电渗、电解、电泳和电迁移四种电动现象。在纳米尺度范围内，强电渗作用下，孔喉尺寸变大。电解会产生气体和不同的酸碱离子来调节 pH 值。气体从基质中逸出，产生新的纳米孔。同时，一些原本封闭的孔隙也可能被气体的冲刷重新打开。低 pH 值环境的作用会导致一些新的孔隙因黏土矿物的溶解而形成。当孔隙彼此靠近时，在电动力学作用的促进下会发生孔隙融合现象。具体机理如图 3－12(a)所示。

2)亚微米尺度

实验结果表明，低强度直流电场明显增加了致密砂岩亚微米孔的数量和尺寸，高强度直流电场加快了亚微米孔转变为微米孔的速度，导致亚微米孔数量减少。

低强度直流电场作用下，电渗和电解相结合产生的孔隙融合作用增加了亚微米孔的尺寸。气体的逸出和电渗的冲洗增加了亚微米孔的数量。在高强度直流电场作用及孔隙融合作用下，电泳作用会促进亚微米孔转变为微米孔。

电解作用促使黏土矿物周围酸碱环境发生变化，进一步溶解孔喉壁周围黏土矿物的结构，形成亚微米级胶体。在电迁移和电渗作用的影响下，黏土矿物的移出增加了孔喉的尺寸，促使了致密砂岩亚微米孔向微米孔的转变，机理如图 3－12(b)所示。

3)微米尺度

实验结果表明，低强度直流电场增加了微米孔隙的尺度，促进了微裂缝的发育。高强度直流电场更会促进微裂缝的发育，但是化学反应的沉淀产物会堵塞微米孔隙，造成孔隙尺度的减小。

在低强度直流电场作用下，亚微米孔转变为微米孔，增加了微米孔的数量。同时，在电动力学的作用下，更多的微米孔会相互连接、扩展和发育成为孔隙尺度更大的微孔。当这种变化达到一定的临界值，会加强原本微弱的微裂缝，从而

促进微裂缝的发育，机理示意如图 3 – 12(c) 所示。同一样品同一区域扫描电镜图像(参见本书第 5 章第 4 节) 支撑了微裂缝在低强度直流电场作用下进一步发育的猜想，如图 3 – 13 所示。在直流电场的作用下，原本的孔隙相互融合，形成更大的孔隙。同时，较小的微裂缝在直流电场的作用下发育成明显的微裂缝。

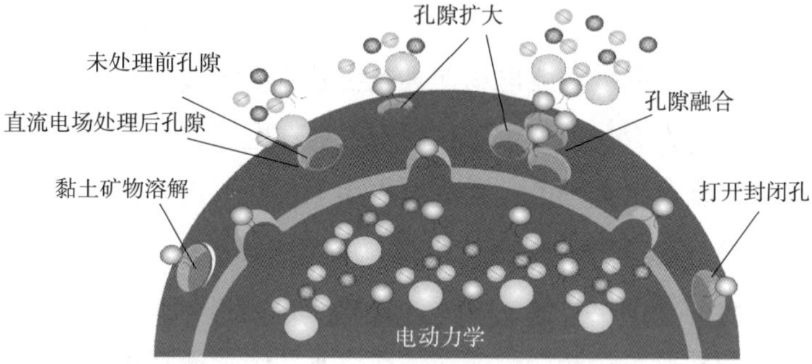

(a)纳米尺度

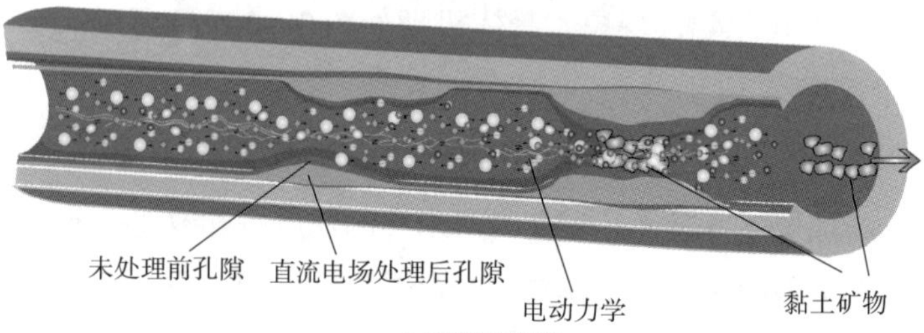

(b)亚微米尺度

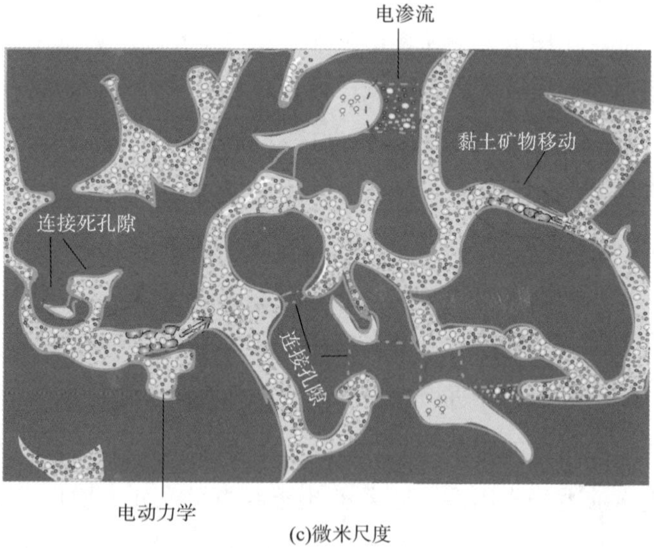

(c)微米尺度

图 3 – 12　致密砂岩不同尺度范围内孔隙变化机理示意图

高强度直流电场作用下，红色沉淀物的存在解释了致密砂岩总孔隙度减小的原因，红色沉积物是 $Fe(OH)_3$。电极由铁组成，同时阳极区域存在含铁矿物。在直流电场作用下，阳极区域的铁元素会发生氧化生成三价铁离子，经过电迁移移动到阴极区域与产生的氢氧根离子发生化学反应从而产生 $Fe(OH)_3$。低强度直流电场下，这些红色沉淀物的堵塞作用与电场促进孔隙的发育情况相比较为微弱。因此，在低强度直流电场作用下，致密砂岩的孔隙度和渗透率提高，从而使采收率提高。随着直流电场强度的增加，化学反应增强，产生更多的 $Fe(OH)_3$，当达到一定程度时，这些 $Fe(OH)_3$ 堵塞了微孔，降低了致密砂岩的孔隙度和渗透率。需要注意的是，纳米孔和亚微米孔的尺寸太小，$Fe(OH)_3$ 无法进入，因此对纳米尺度和亚微米尺度的孔隙没有影响。

综上，高强度直流电场作用下会发生化学反应，生成的化学沉淀物堵塞致密砂岩微米孔隙，引起孔隙度和渗透率的下降。低强度直流电场作用下的电泳、电渗、电迁移和电解作用促进了纳米孔的发育，促进亚微米孔隙转变为微米孔隙，增加了微米孔隙的尺度和数量，相关的电动机理总结如图 3－13 所示。

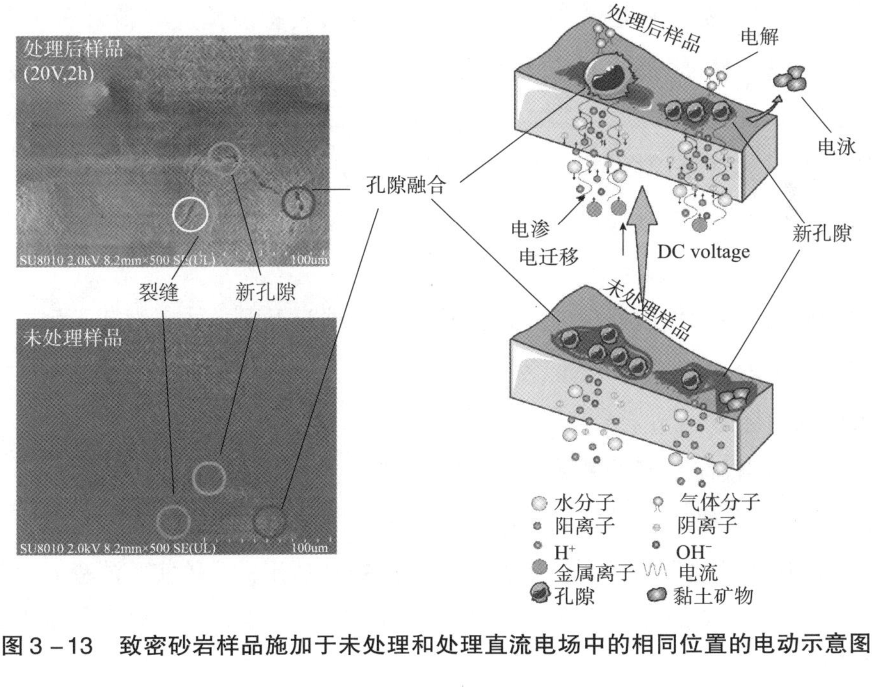

图 3－13　致密砂岩样品施加于未处理和处理直流电场中的相同位置的电动示意图

第 3 节　不同区域直流电场下的致密砂岩孔隙结构变化特征研究

电解作用导致致密砂岩储层的阳极区域和阴极区域产生不同的化学反应，势必造成储层的阴阳两极区域微观孔隙结构发生不同的变化。查明不同区域(阳极区域、中间区域和阴极区域)的储层微观孔隙结构的变化特征对于指导直流电场在储层上的应用极其重要。因此，本节揭示了在直流电场作用下致密砂岩储层不同区域的微观孔隙结构变化规律。

一、直流电场下不同区域孔隙结构特征实验研究

本节结合核磁共振法、高压压汞法和低温氮气吸附法表征致密砂岩在直流电场作用下不同区域的微观孔隙结构的变化特征，具体的实验步骤如下：

(1)考虑致密砂岩储层的强非均质性，在进行实验前预选与剩余样本相邻的基础样本。以 P 样品为例，在进行核磁共振实验之前，对样品进行切割，标记基础样品(P_o)。此时，可认为基础样品和剩余样品具有相同的孔隙结构。将 5cm 样品切下 1cm 作为基础样品，剩余 4cm 作为剩余样品。

(2)对剩余样品进行加压饱和，施加直流电场作用(0.05mol/L，10V)，作用时间为 24h。

(3)将直流电场作用处理后的致密砂岩样品重新干燥，加压饱和。

(4)将剩余样品切块，标记为 P_a、P_m 和 P_c，分别代表阳极区域、中间区域和阴极区域的样品。

(5)对基础样品和三个区域的样品同时进行高压压汞的实验。

(6)以相同处理方式进行同一样品不同区域的低温氮气吸附实验。

本实验中，致密砂岩样品的基本参数如表 3－2 所示，具体实验流程如图 3－14 所示。

表 3-2 致密砂岩样品的基本参数

样品	长度/mm	直径/mm	孔隙度/%	渗透率/$10^{-3}\mu m^2$	电压/V
O_o	8.28	25.33	12.79	0.191	0
O_U	37.39		13.51	0.188	5
P_o	10.73	25.59	11.31	0.178	0
P_U	38.40		12.46	0.149	10
Q_o	7.23	25.42	12.34	0.219	0
Q_U	38.52		13.72	0.203	15

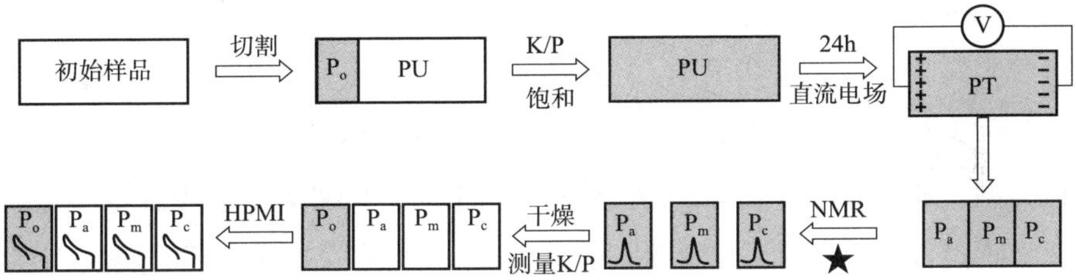

图 3-14 在直流电场作用下致密砂岩不同区域孔隙研究实验流程图

高压压汞和低温氮气吸附实验设备具体信息如下：

1)高压压汞法

假设多孔介质包含不同直径的管束模型。连续注入汞，直至注入压力大于孔喉毛细压力，汞流入孔内。在这种情况下，毛细管压力等于注入压力。另外，毛细管的大小反映了孔喉的大小。毛细管压力可以通过连续改变注入压力来获得，进而确定孔喉的大小。在 AutoPore Ⅳ 9505 压汞仪上进行高压压汞实验，进汞压力最大值为 200MPa。在高压压汞实验中，获得了最高压力为 200MPa 时的侵入曲线和挤压曲线。由于泥页岩孔隙孔径小、孔隙度低、渗透率低，将压汞测试应用于致密砂岩储层孔隙研究受到了一定的限制：①针对致密砂岩储层低孔低渗的特点，需要高排驱压力促使样品进汞，高压会造成人为裂缝带来误差；②Washburn 方程假设样品孔隙为光滑的圆柱状连通孔，实际测量中泥页岩复杂的孔隙形态与粗糙的孔隙表面会造成误差；③压汞法测量的是孔隙最大开口尺寸，因此孔喉的存在使测量孔径分布偏离真实值。尽管将压汞法应用于致密砂岩储层孔隙的表征存在一定的困难，但由于能获取孔隙度、孔径分布、骨架密度、表观密度及比表面积等诸多有关孔隙特性的重要参数，压汞法仍为表征致密砂岩孔隙结构的常用方法之一，并且在研究大孔与有效孔隙度测定方面具有一定的优势。

2)低温氮气吸附法

低温氮气吸附法在等温条件下将氮气(N_2)的探针气体注入样品，记录不同压力下探针气体在吸附剂表面的吸附量，并利用理论模型计算样品的表面及孔隙特性。理论上此方法所能测定的最小孔径为探针气体的分子直径，最大孔径由高相对压力下测定探针气体吸附量的实际难度决定，一般不超过100nm。氮气吸附法表征尺度细微并可获取样品比表面积、表面分形维数与孔径分布等多方面信息。本书使用 QuadraSorb SI Quantachrome QuadraWin 仪器开展低温氮气吸附实验，孔径范围为0.35～400nm。相对吸附/解吸压力为0.004～0.995。在77.3K下获得吸附解吸曲线，采用BJH(Barret-Joyner-Halenda)确定孔径分布曲线。

国际理论与应用化学联合会(IUPAC)提出了低温氮气吸附中吸附等温线经典的4种类型，如图3－15所示。该分类方法引入了毛细凝结现象，即吸附滞后，指等温吸附过程中吸附曲线和脱附曲线不重合，出现了滞留回环的现象，多发生于中孔当中。根据不同的孔径分布特征，滞留回环分为4种类型：H1型滞留回环较窄，吸附和脱附曲线在垂直方向上相互平行，出现这种回环的材料多具有大小均匀且形状规则的孔隙，如圆筒形孔隙；H2型滞留回环较大，脱附曲线更加陡峭，多见于墨水瓶形孔隙中；H3型滞留回环在接近饱和蒸汽压力时才出现毛细凝聚，且曲线变化平缓，表明孔隙半径在不断变化，此种回环多见于楔形孔；H4型滞留回环较窄，且吸附和脱附曲线在水平方向上相互平行，多见于狭缝孔中。

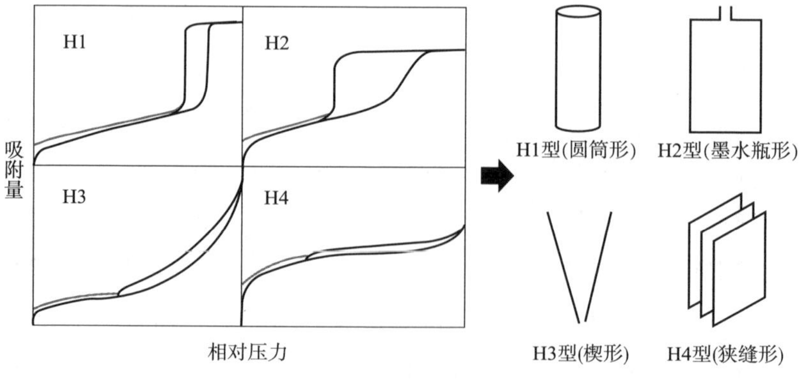

图3－15　IUPAC滞留回环分类

二、不同区域的核磁共振实验分析

不同区域和未处理区域的致密砂岩样品经过核磁共振转化的孔径曲线分布如图 3－16 所示。其中，图 3－16(a)是致密砂岩不同区域下多尺度的孔径分布曲线图，图 3－16(b)是致密砂岩不同区域下纳米尺度的孔径分布曲线图，图 3－16(c)是致密砂岩不同区域下亚微米尺度的孔径分布曲线图，图 3－16(d)是致密砂岩不同区域下微米尺度的孔径分布曲线图。

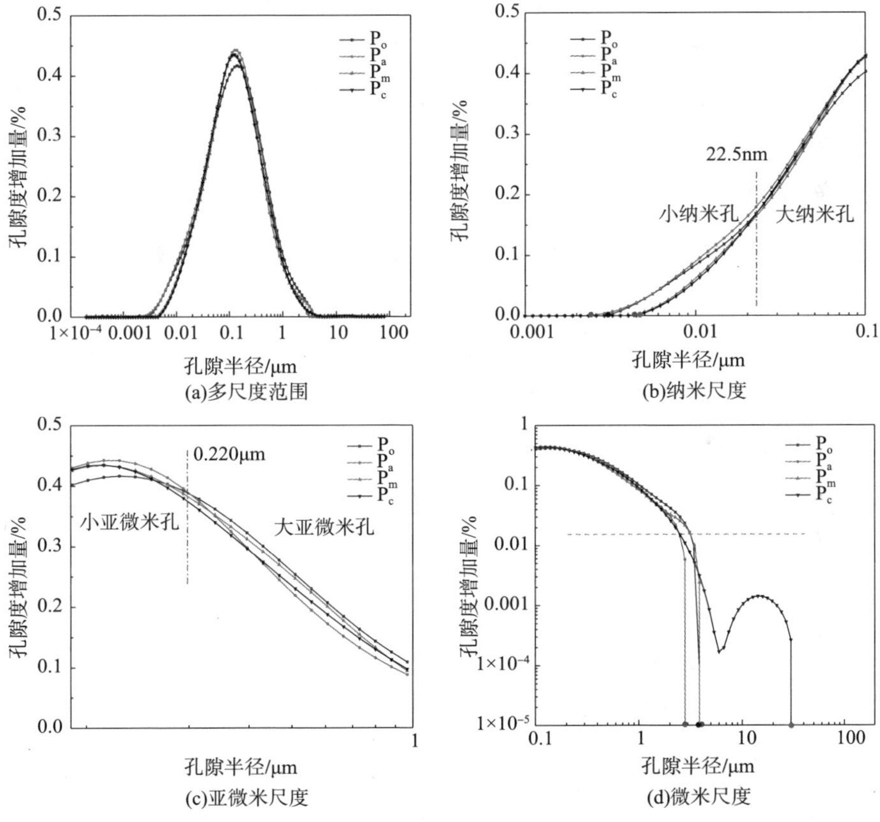

图 3－16 致密砂岩不同区域的孔径分布曲线

如图 3－16 所示，致密砂岩阳极区域孔径分布曲线的变化与中间区域和阴极区域不同，具体表现如下。

1)纳米尺度

图 3－16(b)中显示，基于不同区域与未处理区域的孔隙度增量曲线强弱变

化，将纳米尺度分为两种纳米孔隙。孔隙尺度小于 22.5nm 认为是小纳米孔，孔隙尺度为 22.5 ~ 100nm 认为是大纳米孔。阳极区域样品中的孔隙度增量曲线始终高于未处理区域样品中的孔隙度增量曲线，表明直流电场作用增加了阳极区域纳米孔的数量。阳极区域孔隙度增量曲线起点小于未处理区域的起点，这表明直流电场作用减小了阳极区域中纳米孔的尺度。简而言之，在阳极区域中，直流电场作用增加了致密砂岩纳米孔的数量，减小了纳米孔的尺度。中间区域和阴极区域的孔隙度增量曲线起点均大于未处理区域的起点，表明直流电场作用增加了这两个区域纳米孔的尺度。同时，基于孔隙度增量曲线的变化特征发现，小纳米孔数量减少，大纳米孔数量增加。说明在这两个区域内发生孔隙融合作用，导致更多的小纳米孔融合为大纳米孔，造成小纳米孔数量减少，大纳米孔数量增多。

2）亚微米尺度

基于孔隙度增量曲线强度的变化特征，将孔径大于 0.1μm 同时小于 0.220μm 时视作小亚微米孔，孔径大于 0.220μm 同时小于 1μm 时视作大亚微米孔。从图 3 – 16（c）中可以看出，不同区域的小亚微米孔数量大于未处理区域的小亚微米孔数量，不同区域的大亚微米孔数量呈相反趋势。小亚微米孔数量的增加由纳米孔的孔隙融合现象引起。大亚微米孔数量的变化由更多的此类孔隙转变为微米孔隙导致，具体表现为大亚微米孔数量的降低。

3）微米尺度

不同区域的孔隙度增量曲线低于未处理区域的孔隙度增量曲线，表明直流电场作用下，不同区域的微米孔数量减少。观察到阳极区域的结束点小于未处理状态下的结束点，说明阳极区域的微米孔尺度减小。同时，中间区域和阴极区域的结束点大于未处理状态下的结束点，说明中间区域和阴极区域的微米孔尺度增加。简而言之，阳极区域的微米孔隙数量和孔隙尺度降低，中间区域和阴极区域的微米孔隙数量减少，但是其孔隙尺度增大。

三、致密砂岩不同区域的高压压汞实验分析

致密砂岩不同区域和未处理区域的样品经过核磁共振转化的孔径曲线如图 3 – 17 所示。其中，图 3 – 17（a）是致密砂岩不同区域下的高压进汞和退汞曲

线图，图 3－17(b)是致密砂岩不同区域下的孔径分布曲线图。高压压汞的具体参数如表 3－3 所示。

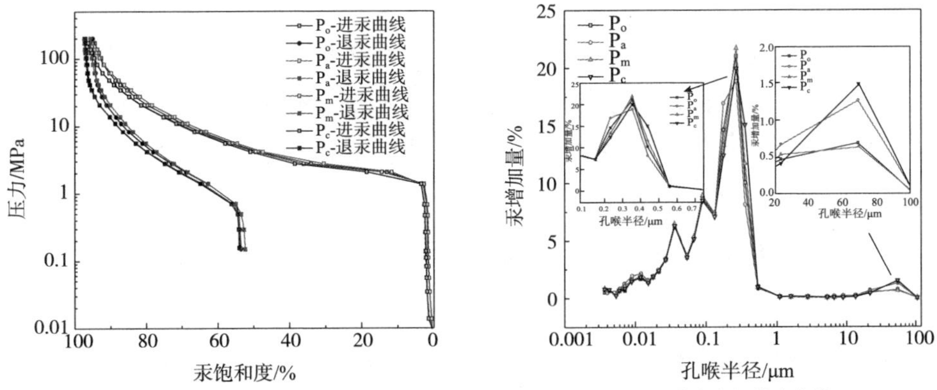

(a)进汞曲线和退汞曲线 (b)孔喉半径分布曲线

图 3－17 致密砂岩不同区域和未处理区域的样品经核磁共振转化的孔径曲线

表 3－3 高压压汞实验获取的实验参数

样品	长度/mm	渗透率/$10^{-3}\mu m^2$	孔隙度/%	S_{max}/%	S_r/%	P_{cd}/MPa
P_o	11.66	0.178	13.380	94.9	53.5	1.37
P_a	14.45	0.186	14.901	95.6	52.4	1.37
P_m	10.02	0.195	12.735	97.3	53.7	1.37
P_c	10.73	0.214	14.194	97.0	54.1	1.37

高压压汞实验过程中最高压力可达 200MPa，对应的最小可测孔隙半径为 4nm。从图 3－17(a)中可以看出，高压压汞曲线在最大压力下几乎与 *Y* 轴平行，说明大量的汞被注入致密砂岩样品的孔隙中。4 个样品的最大汞饱和度均超过 94%，进汞比较充分，同时也意味着在高进汞压力下，存在孔隙被压碎破裂的可能。残余汞饱和度为 52.351%～54.054%，平均为 53.413%，说明退汞效率较低，孔隙中仍残留大量汞，这是由于墨水瓶类型的细喉导致毛细管力较大，难以挤出。

图 3－17(b)致密砂岩亚微米范围的图形表示，直流电场作用下，不同区域亚微米范围的汞增量降低，说明亚微米孔隙数量减少。在致密砂岩微米范围的图形表示，直流电场作用下，不同区域的微米范围的汞增量增加，说明微米孔隙数量增加。结合亚微米孔隙数量的降低和微米孔数量的增加，认为孔隙融合和孔隙转变促进了亚微米孔隙向微米孔隙的转变，从而降低了亚微米孔数量，增加了微

米孔数量。可以看出，高压压汞实验在亚微米尺度和微米尺度的孔隙结构变化特征符合核磁共振的实验结果。

观察到致密砂岩阳极区域的亚微米孔隙数量下降最多，阴极区域的微米孔隙数量增加最多。这是由于带负电荷的黏土矿物溶解为亚微米尺寸的胶体。在电泳的作用下，会向阳极区域运动并填充阳极区域孔隙的孔隙空间，从而减少了亚微米孔和微米孔的数量。这解释了为什么阳极区域亚微米孔数量减少最多，而微米孔隙数量的增加不是最大值。

黏土矿物带负电荷的原因是晶格取代。黏土矿物主要由层状结构硅酸盐构成，其晶体结构是二维排列的硅氧四面体和铝氧八面体。其中，硅氧四面体中的部分 Si^{4+} 容易被三价铝离子替换，铝氧八面体中的部分 Al^{3+} 容易被二价的钙镁或铁离子替换，从而使得晶体结构由于晶格取代发生电荷的不等而产生负电荷。同时，在溶液状态下也存在水化现象和 pH 值的作用。

四、致密砂岩不同区域的低温氮气吸附实验分析

在直流电场作用下，致密砂岩不同区域和未处理区域低温氮气吸附实验曲线如图 3－18 所示。其中，P_o 代表直流电场作用下未处理的样品，P_a 代表直流电场作用下阳极区域的样品，P_m 代表直流电场作用下中间区域的样品，P_c 代表直流电场作用下阴极区域的样品。

图 3－18 显示，致密砂岩在直流电场作用前后不同区域的低温氮气吸附曲线属于 IUPAC 定义中的 H3 型，在相对压力约等于 0.4 的情况下，解吸曲线偏离吸附曲线形成了滞留回环，表明孔隙内多为楔形孔。如前所述，H3 型吸附曲线和脱附曲线不一致，在较高的相对压力下会形成滞留回环，这是由于氮气在低压下的单层吸附或孔隙填充和中等压力下的多层吸附和毛细凝聚。滞留回环通常可以反映致密砂岩储层独特的孔隙结构。

基于氮气吸附实验数据，采用 BJH 方法可以获得孔径－孔体积分布特征。通过 BJH 将其转化为孔径分布曲线如图 3－19(a)所示，相关孔隙的体积计算结果如图 3－19(b)所示。

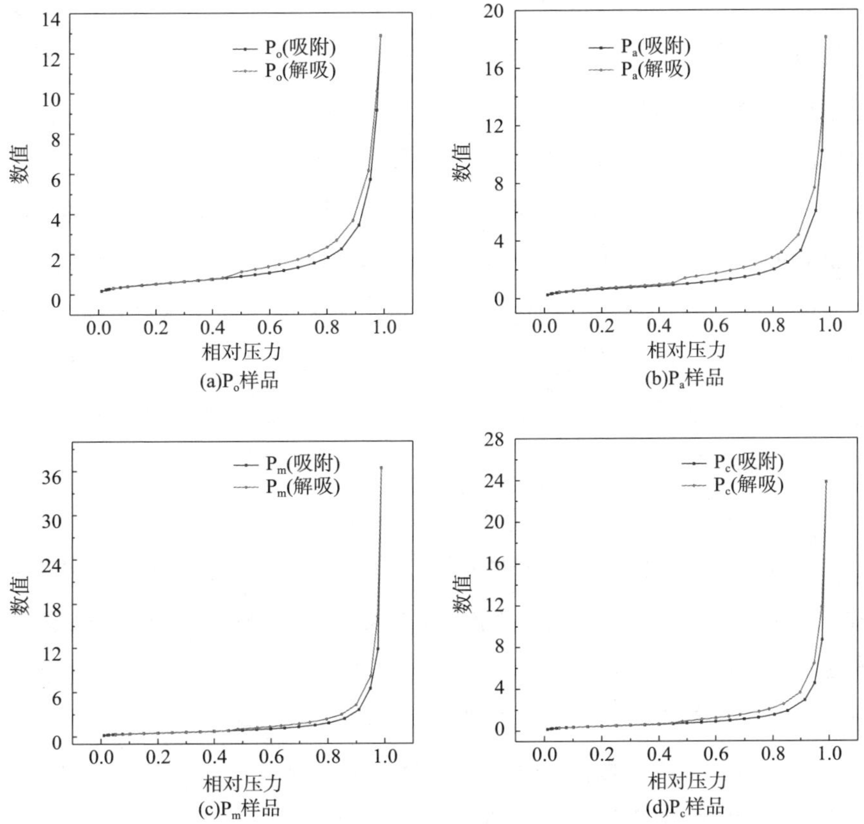

图 3-18　致密砂岩不同区域和未处理区域的低温氮气吸附实验曲线

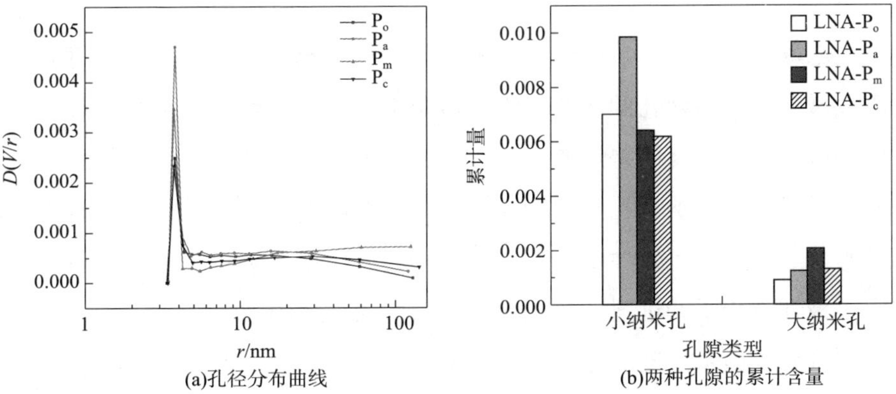

图 3-19　致密砂岩不同区域的低温氮气吸附结果

基于致密砂岩不同区域核磁共振纳米尺度的变化特征，将低温氮气吸附的孔隙尺度划分为小纳米孔和大纳米孔。从图 3－19(a) 中可以看出，阳极区域在 4nm 处的峰值高于未处理区域的峰值，表明阳极区域在 4nm 处出现了更多的小纳米孔。中间区域和阴极区域在 4nm 处的峰值低于未处理区域的峰值，表明此区域在 4nm 处小纳米孔的数量减少。对于 4～20nm 的纳米孔，通过观察发现，纳米孔的数量为 $P_a > P_o > P_m > P_c$。就大纳米孔而言(16～100nm)，孔隙数量的顺序为 $P_m > P_c > P_a > P_o$，表明直流电场作用提高了处理区域中大纳米孔的数量。总之，阳极区域的小纳米孔和大纳米孔的数目增加。中间区域和阴极区域的小纳米孔数目降低，大纳米孔的数量增加。由此，可以看出中间区域和阴极区域受到了孔隙融合作用的影响。

图 3－19(b) 显示，与未处理区域相比，阳极区域中小纳米孔的孔隙体积增加，而中间区域和阴极区域的孔隙体积减少。阳极区域中小纳米孔的孔隙体积增加是由于小纳米孔的数量增加。中间区域和阴极区域是由于小纳米孔数量减少。小纳米孔在直流电场的作用下可以相互融合成大纳米孔，导致其数量和小纳米孔的孔隙体积减少。对于大纳米孔，在直流电场作用的影响下，不同处理区域的大纳米孔数目增加，造成孔隙体积增加。显然，低温氮气吸附实验的纳米尺度结果符合核磁共振实验中纳米尺度的分析。

五、致密砂岩不同区域下孔隙结构变化的电动机理研究

直流电场作用提高了致密砂岩纳米孔的发育。同时，直流电场作用诱导了致密砂岩亚微米孔向微米孔的转变，进一步减少了亚微米孔，增加了微米孔。

不同区域纳米尺度的差异在于阳极区域的纳米孔数量增多，而阴极区域的小纳米孔数量减少，大纳米孔数量增加。纳米尺度阳极区域和阴极区域的差异来源于极性水分子的运动。极性水分子在直流电场的作用下从阳极区域移动到阴极区域，由于极性水分子的逃逸，会在阳极区域生成许多小纳米孔。

不同区域亚微米尺度的差异来源于电泳作用的影响。带负电荷的黏土矿物作为亚微米尺寸的胶体被分散和移动，在电泳的作用下，会流向阳极区域以填充孔隙空间，从而减少阳极区域亚微米孔数量。结合孔隙融合作用导致阳极区域的亚微米孔隙数量明显下降。

电泳作用将阴极区域的部分黏土矿物颗粒运移到阳极区域，造成阴极区域的微米孔相较阳极区域的微米孔数量增大。由于胶体尺寸的限制，电泳作用对阳极区域的纳米孔没有影响。这对致密砂岩阳极区域纳米孔数量为何增加做出了解释。

第 4 章　直流电场作用下致密砂岩表面化学性质变化特征研究

润湿性参数在致密砂岩储层开发过程中影响毛细管力，决定剩余油饱和度，控制流体渗流过程。因此，合理调整储层润湿性是实现储层高效开发的有效手段。一般来说，储层更强的亲水性会提高储层的采收率。反过来考虑，在直流电场作用下，致密砂岩储层的驱油效率明显提高，是否意味着致密砂岩储层的润湿性发生了改变？因此，致密砂岩储层表面润湿性在直流电场作用下的变化特征以及背后的机理需要进一步研究。

本章从致密砂岩储层表面化学性质出发，剖析岩石表面官能团的种类和含量，探索直流电场作用下岩石表面官能团的变化特征，并基于润湿性的变化规律，揭示了致密砂岩储层在直流电场作用下表面润湿性的变化特征和机理。

第 1 节　致密砂岩表面润湿性的变化特征分析

一、致密砂岩的润湿性实验研究

四块致密砂岩样品的基础物性参数如表 4－1 所示。实验条件：围压 25MPa，作用时间为 24h。在施加直流电场作用后从样品的三个处理区域（阳极区域、中间区域和阴极区域）制备九个切片。其中，“A”表示阳极区域的切片；“M”表示中间区域的切片；“C”表示阴极区域的切片。获得未经直流电场作用处理的 N1 样品切片，对切割后的样品进行润湿性实验测试。

表 4－1　致密砂岩样品的基础物性参数

样品	长度/cm	直径/cm	孔隙度/%	渗透率/$10^{-3}\mu m^2$	电压/V
N1	5.004	2.485	12.37	0.206	0

续表

样品	长度/cm	直径/cm	孔隙度/%	渗透率/$10^{-3}\mu m^2$	电压/V
N2	4.988	2.487	12.46	0.215	5
N3	4.993	2.486	12.34	0.203	10
N4	5.002	2.485	12.40	0.212	15

使用中国 SINDIN 公司 SDC－200 光学接触角仪测量接触角。测量精度为0.1°。在大气情况下，测试过程中水滴的形状会在极短的时间内不断变化，无法形成稳定的固－液－气平衡状态，严重干扰了接触角的准确性。在本书中，接触角测量选择在液相环境下进行。如图 4－1 所示，水槽中装有 0.05mol/L 的氯化钠溶液。使用 U 形针头的微型注射器释放 2.5μL 实验白油。油滴由于密度差会上浮并最终到达致密砂岩界面附近，每五分钟采用相机捕捉一次图形，并通过图像分析技术计算接触角。持续记录实验获取的接触角，直到该值在短时间内保持不变，即岩石－溶液－油系统处于平衡状态，选用此稳定状态下的接触角来描述致密砂岩的润湿特性。

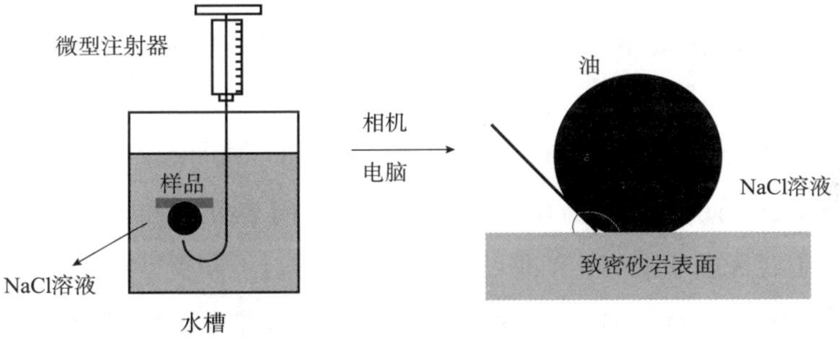

图 4－1　致密砂岩接触角测量示意图

二、致密砂岩接触角变化特征研究

图 4－2 显示了在直流电场作用下致密砂岩切片表面接触角的变化特征。

如图 4－2 所示，致密砂岩接触角值均低于 90°，表明致密砂岩样品表现出相对亲水的特性。在直流电场作用下，致密砂岩表面的接触角减小，说明直流电场作用会促进致密砂岩的亲水特性，这符合致密砂岩室内电动驱油的结果。即在直流电场作用下，致密砂岩表面亲水性提高，从而提高储层采收率。

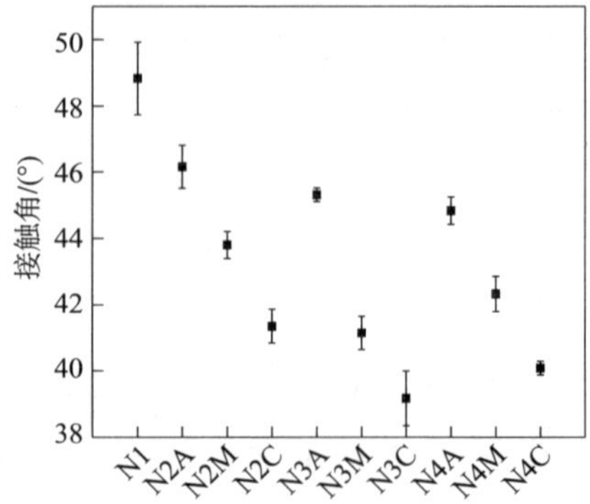

图 4－2　直流电场作用下致密砂岩切片表面接触角的变化

第 2 节　致密砂岩表面不同官能团变化特征研究

致密砂岩表面官能团种类复杂，开展全面细致的表面官能团变化机理分析对于深入理解直流电场作用对致密砂岩的表面化学性质影响有着极大的促进作用。因此，很有必要对致密砂岩在直流电场作用下的其表面不同种类官能团变化特征进行研究，本节旨在揭示致密砂岩表面不同官能团在直流电场作用下的变化机理。

傅里叶红外光谱（Fourier Transform Infrared Spectroscopy，FTIS）和 X 射线光电子能谱（X-ray Photoelectron Spectroscopy，XPS）可用于揭示化石燃料表面官能团的信息。相比 X 射线光电子能谱，傅里叶红外光谱在分析不同类型官能团的变化特征方面具有更强的优势。因此，本节使用傅里叶红外光谱进行相关数据的拟合分析。

由于振动峰的范围较宽和个别峰的叠加，通过判断傅里叶红外光谱的键区面积虽然可以粗略地确定各种官能团含量的变化，但难以确定特定波峰的含量。因此，采用 Origin 软件中的 Peakfit 功能区分重叠特征峰并确定特定波峰的参数（中心、面积、宽度和比率），进一步定量表征特定波峰的面积。同时，采用面积比的概念来更好地描述直流电场作用下致密砂岩表面分子基团的变化特征。面积比的定义是在直流电场作用下，致密砂岩样品中某一类分子基团的面积（N2、N3 和 N4 样品）除以未处理样品（N1 样品）中相关分子基团的面积。根据面积比的定义，一种分子基团的面积比超过 1.0，说明直流电场作用提高了致密砂岩表面官能团的含量。相反，一种分子基团的面积比小于 1.0，表明直流电场作用降低了致密砂岩表面官能团的含量。

一、傅里叶红外光谱结果分析

按照本章第1节的处理方法，将致密砂岩薄片碾碎至200目。取0.5 mg岩心样品和120 mg溴化钾充分混合后压片，将压好的透明薄片放置在MAGNA-IR 560 E.S.P. 仪器中，使用4cm^{-1}分辨率进行波数为400～4000cm^{-1}的红外光扫描。

在直流电场作用下，致密砂岩内部会发生电化学作用。电子的运动会引起电子云的改变，从而破坏旧的化学键，同时产生新的化学键。这10个样品的傅里叶红外光谱如图4－3所示。

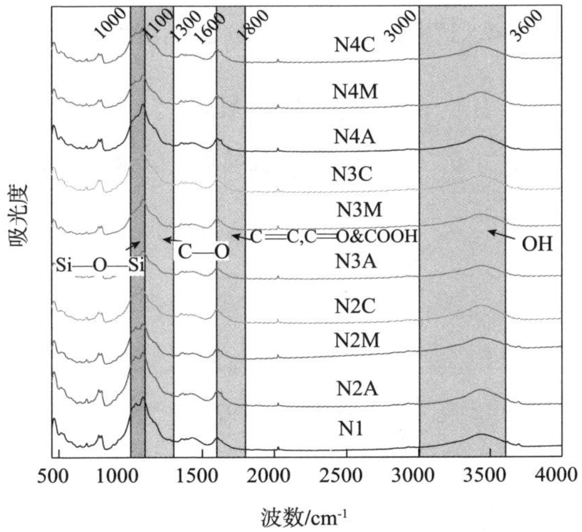

图4－3　直流电场作用下致密砂岩表面的傅里叶红外光谱结果图

傅里叶红外光谱曲线表明，在直流电场作用后，曲线波峰的主要位置基本相同，而面积发生了变化，这表明直流电场作用并不会改变表面官能团的种类，但会改变表面官能团的相对含量，这也从侧面反映出直流电场作用诱导了分子基团之间的相互转化。

二、芳香族官能团变化特征分析

芳香族官能团是指结构中含有苯环结构的基团分子，存在于700～900cm^{-1}波数区间。致密砂岩表面芳香族官能团的拟合过程如图4－4所示。其中，

729cm^{-1}的峰为单取代苯的振动，772cm^{-1}和778cm^{-1}的峰为1，2-二取代苯的振动，798cm^{-1}的峰为1，3-的二取代苯的振动，877cm^{-1}的峰为1，4-二取代苯的振动。

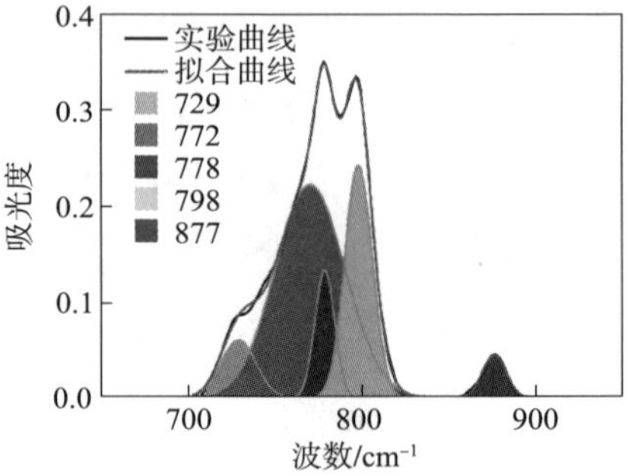

图4-4　致密砂岩表面芳香族官能团的拟合过程

不同类型芳香族官能团的面积比结果如图4-5(a)所示，总芳香族官能团面积比如图4-5(b)所示。总芳香族含量为不同类型芳香族官能团含量的总和。

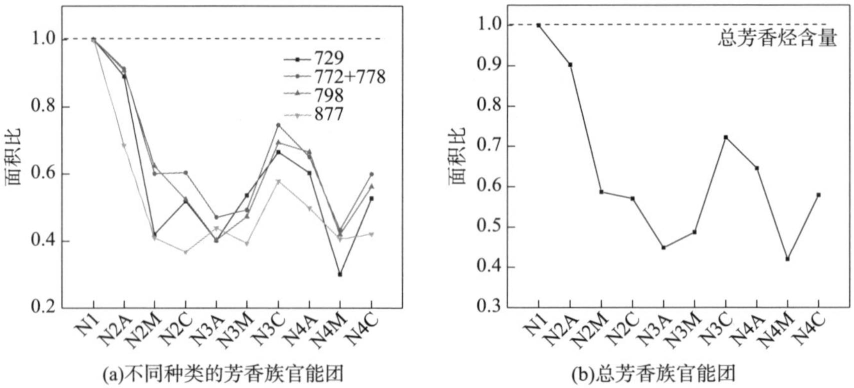

图4-5　致密砂岩芳香族官能团结果

采用不同强度的直流电场作用处理致密砂岩后，样品中不同种类芳香基团和总芳香基团的面积比均小于1.0，表明直流电场作用降低了致密砂岩芳香族官能团的含量。

三价铁离子(Fe^{3+})在阳极区域[公式(4-1)~公式(4-4)]产生，通过电迁移作用移动经过中间区域并聚集在阴极区域。铁离子氧化作用的影响通常高于氢氧根离子还原作用的影响。因此，在直流电场作用下，氧化反应会发生在三个处理区域，且在阴极区域的氧化作用更强。

在氧化作用的影响下，一些带有芳香基团的小分子蒸发和从 C—O 中脱落的几个芳香族碎片的损失，会导致致密砂岩的芳香基团呈下降趋势。此外，苯环可能在直流电场的作用下破裂。因此，致密砂岩芳香族官能团的含量在直流电场的作用下呈下降趋势。

阳极区域：

$$2H_2O - 4e \longrightarrow 4H^+ + O_2\uparrow \tag{4-1}$$

$$Fe \longleftrightarrow Fe^{2+} + 2e \tag{4-2}$$

$$4Fe^{2+} + O_2 + 4H^+ \longleftrightarrow 4Fe^{3+} + 2H_2O \tag{4-3}$$

阴极区域：

$$2H_2O + 2e \longrightarrow 2OH^- + H_2\uparrow \tag{4-4}$$

三、非羟基含氧官能团特征分析

相关文献表明，1000 ~ 1300cm^{-1}表示醇和醚的振动范围，1500 ~ 1800cm^{-1}表示 C═C 和羰基骨架的振动范围。具体的拟合计算过程如图 4 -6 所示。

从图 4 -6(a)中可以观察到，1089cm^{-1}的峰表示 C—O—C 官能团的振动，1161cm^{-1}的峰表示 C—O 官能团的振动，1272cm^{-1}的峰表示羟基苯(Ar—OH)官能团的振动。C—O—C 官能团、C—O 官能团和 Ar—OH 官能团的拟合结果如图 4 -7(a)所示。

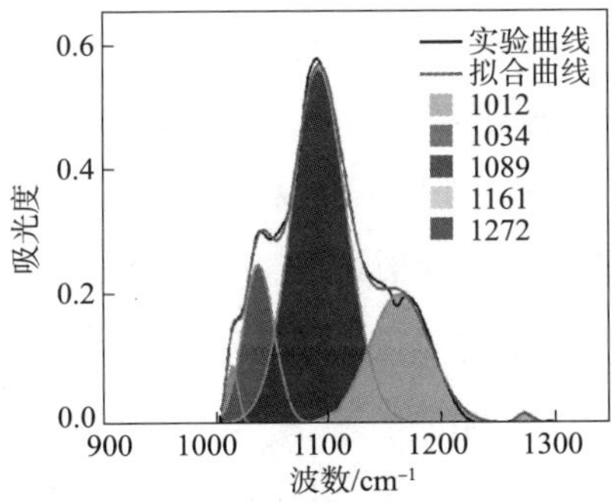

(a)1000~1300cm^{-1}

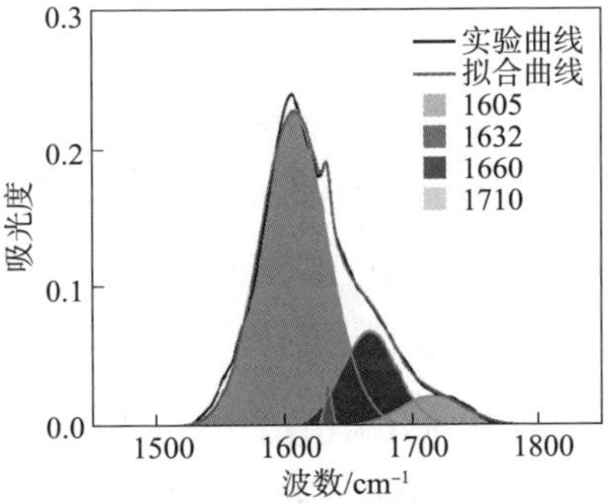

(b)1500~1800cm^{-1}

图 4 -6　致密砂岩非羟基含氧官能团的拟合过程

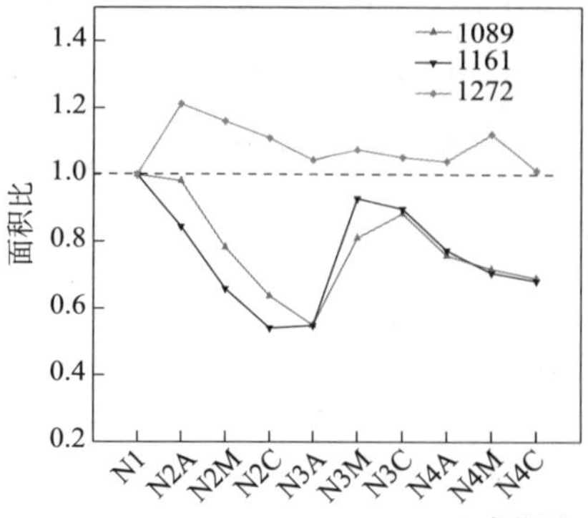

(a)C—O—C、C—O、Ar—OH官能团

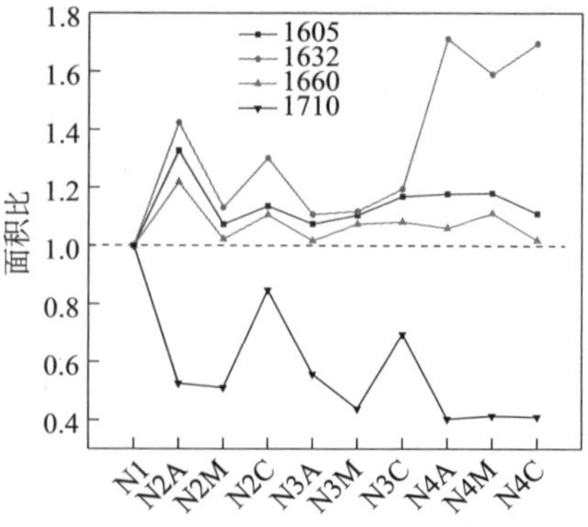

(b)C═C、C═O、COOH官能团

图4－7　致密砂岩非羟基含氧官能团的拟合结果

图4－6(b)中，1605cm^{-1}的峰为C═C官能团的振动，1632cm^{-1}和1660cm^{-1}的峰为C═O官能团的振动，而1710cm^{-1}的峰为COOH官能团的振动。在直流电场作用下，致密砂岩的C═C官能团、C═O官能团和COOH官能团的面积比结果如图4－7(b)所示。

图4－7(a)中，致密砂岩表面中C—O—C官能团和C—O官能团的面积比低于1.0，表明直流电场作用降低了C—O—C官能团和C—O官能团的含量。致密砂岩表面Ar—OH官能团的面积比超过1.0，这表明直流电场作用提高了Ar—OH官能团的含量。图4－7(b)中，C═C官能团和C═O官能团的面积比超过1.0，表明直流电场作用增加了C═C官能团和C═O官能团的数量。相应地，COOH官能团的面积比呈下降趋势，说明直流电场作用降低了COOH官能团的含量。

致密砂岩表面不同类型含氧官能团的变化原因如下：

(1)C—O官能团的变化原因：氧化作用会破坏脂肪烃的桥键和侧链，产生更多的甲基和亚甲基(CH_3和CH_2)。甲基和亚甲基通过氧取代进一步转移到C—O官能团，见式(4－5)到式(4－6)，提高了C—O官能团的含量。同时，C—O官能团也可以在氧化作用的参与下转化为C═O官能团，见式(4－7)，这消耗了C—O官能团。因此，C—O官能团的变化被认为是在直流电场作用过程中不断生产和消耗的竞争结果决定的。图4－7(a)中C—O官能团面积比的下降趋势表明，在直流电场条件下，消耗作用比生产作用对其分子基团的影响更占优势。因此，C—O官能团更多地被消耗，造成C—O官能团含量的下降，相关公式如下：

$$—CH_2— + O_2 \longrightarrow —C—O— + H_2O \quad (4-5)$$

$$—CH_3— + O_2 \longrightarrow —C—O— + H_2O \quad (4-6)$$

$$—C—O— \longrightarrow —C{=}O— \quad (4-7)$$

(2)C═O 官能团的变化原因：C—O 官能团可以进一步氧化转化为 C═O 官能团，见式(4－7)，甲基和亚甲基(CH_3 和 CH_2)在氧化作用下会被转化成 C═O 官能团，见式(4－8)到式(4－9)。因此，脂肪族官能团(CH_3 和 CH_2)首先转化成 C—O 官能团，在氧化的情况下进一步转化为 C═O 官能团。同时，C═O 官能团可以在氧化作用下进一步转变为 COOH 官能团，这会消耗 C═O 官能团的含量，见式(4－10)。因此，C═O 官能团也是生产作用和消耗作用的竞争结果。图 4－7(b)中，C═O 官能团面积比的上升趋势表明，在直流电场作用下，生产作用比消耗作用对其分子基团的影响占有优势，相关公式如下：

$$—CH_2— + O_2 \longrightarrow —C{=}O— + H_2O \quad (4-8)$$

$$—CH_3— + O_2 \longrightarrow —C{=}O— + H_2O \quad (4-9)$$

$$—C{=}O— + —OH \longrightarrow —COOH— \quad (4-10)$$

$$—COOH— + —OH \longrightarrow —COOR + H_2O \quad (4-11)$$

$$—CH_2— + —OH + O_2 \longrightarrow —COOH + H_2O \quad (4-12)$$

$$—CH_3— + —OH \longrightarrow —CH_2 + H_2O \quad (4-13)$$

(3)COOH 官能团的变化原因：COOH 官能团可以与 OH 官能团作用，进一步产生 COOR 官能团，见式(4－11)，这提高了 COOR 官能团的含量并减少了 COOH 官能团的数量。同时，COOH 官能团也可以通过从 C═O 官能团的转化获得，见式(4－10)。因此，COOH 官能团也存在生产作用和消耗作用竞争性的结果。图 4－7(b)中致密砂岩 COOH 官能团的面积比低于 1.0 表明，在直流电场作用下，COOH 官能团的消耗作用相比生产作用对致密砂岩分子官能团的影响更大。

四、羟基含氧官能团特征分析

3000～3600cm^{-1}区域属于羟基(OH)的振动范围。同时，1272cm^{-1}被认为由苯羟基的振动引起。因此，计算出致密砂岩 3000～3600cm^{-1}区间羟基面积比和总羟基[(3000～3600)＋1272]的面积比如图 4－8 所示。

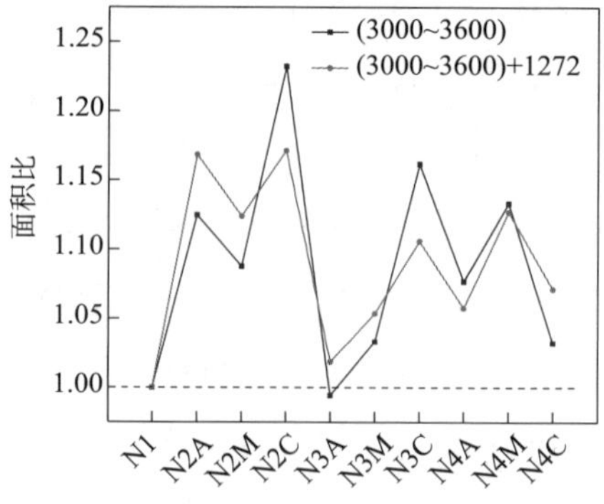

图 4-8　致密砂岩羟基含氧官能团的含量

N3A 的羟基面积比小于 1.0，而 N3A 的总羟基面积比超过 1.0。图 4-8 中，致密砂岩表面的总羟基面积比均大于 1.0，表明直流电场作用增加了羟基官能团的含量。

OH 官能团的变化原因：在直流电场的作用下，吸附在表面活性位点上的氧气会产生过氧化物，进一步与碳自由基反应产生羟基，这提高了羟基(OH)的含量。OH 官能团也会因相关化学反应而被消耗，见式(4-10)到式(4-13)。因此，OH 官能团在直流电场作用过程中是生产作用和消耗作用的竞争性结果。OH 官能团在直流电场作用下呈现出的上升趋势表明，致密砂岩中 OH 官能团的生产相比消耗在其官能团的含量上处于决定性地位。

五、脂肪族官能团特征分析

2800 ~ 3000cm^{-1} 区域属于脂肪族的振动范围。脂肪族官能团的拟合过程如图 4-9 所示。

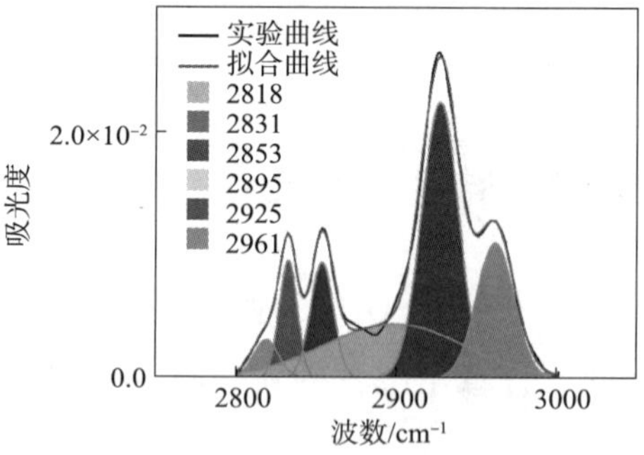

图 4-9　致密砂岩脂肪族官能团的拟合过程

CH 官能团、CH_2 官能团和 CH_3 官能团的振动出现了 6 个单独的峰。其中，2818cm^{-1}和 2895cm^{-1}的峰被归类为 CH 官能团的振动，2831cm^{-1}和 2925cm^{-1}的峰被划分为对称 CH_2 官能团和不对称 CH_2 官能团的振动，2853cm^{-1}和 2961cm^{-1}的峰被划分为对称 CH_3 官能团和不对称 CH_3 官能团的振动。

在直流电场作用下，CH_2 官能团和 CH_3 官能团的面积比如图 4 - 10(a)所示，CH_2、CH_3 和总脂肪族官能团($CH + CH_2 + CH_3$)的面积比如图 4 - 10(b)所示。

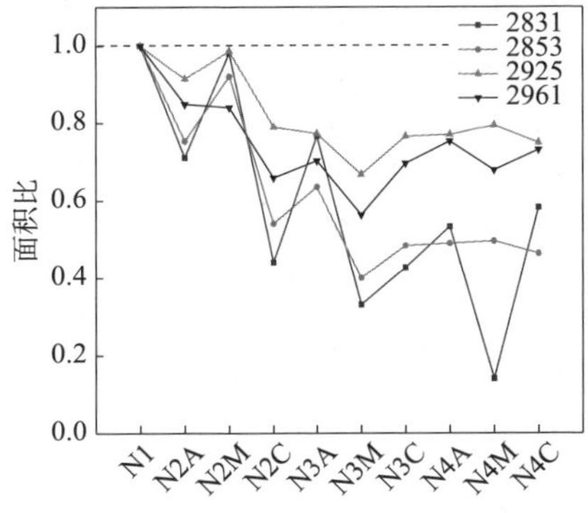

(a)对称和不对称CH_2和CH_3官能团

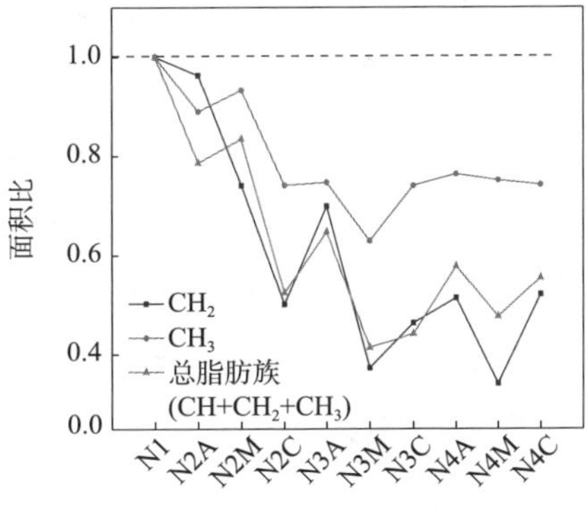

(b)CH_2、CH_3和总脂肪族官能团

图 4 - 10　致密砂岩脂肪族官能团的拟合结果

图 4 - 10(a)中致密砂岩表面的 CH_2 官能团和 CH_3 官能团的面积比低于 1.0，表明直流电场作用降低了 CH_2 官能团和 CH_3 官能团的含量。图 4 - 10(b)中 CH_2 官能团的下降趋势高于 CH_3 官能团的下降趋势，这说明在直流电场的作用下，CH_2 官能团相比 CH_3 官能团参与的化学反应更多，从而导致 CH_2 官能团的消耗量高于 CH_3 官能团。此外，CH_2 官能团的变化趋势与图 4 - 10(b)中总脂肪族官能团($CH + CH_2 + CH_3$)的变化趋势保持一致，表明致密砂岩中 CH_2 官能团在总脂肪族官能团的含量方面占据主导地位。

进一步剖析致密砂岩中 CH_2 官能团和 CH_3 官能团变化原因发现，大量的 CH_3 官能团和 CH_2 官能团在氧化作用下可以通过脂肪烃侧链和桥键的裂解而生成。同时，更多的 CH_3 官能团和 CH_2 官能团在氧取代作用下转变为含氧的分子官能团(C═O 官能团、C—O 官能团和 COOR 官能团)，这消耗了脂肪族官能团的含量。在直流电场作用下，脂肪族官能团的消耗量大于产生量。因此，脂肪族官能团会在直流电场的作用下呈下降趋势。

第3节　致密砂岩储层的含氧官能团变化相互验证研究

从微观角度分析，储层的润湿性质与表面的分子结构密切相关。在对表面化学性质的探测方法中，傅里叶红外光谱可以通过识别与特定类型化学键有关的振动信号来分析化石燃料上的分子基团，进一步获得分子结构的信息。X射线光电子能谱能够分析物质表面化学性质，研究表面官能团的化学性质。X射线能谱（Energy Dispersive X-ray Spectroscopy，EDS）能够对扫描中的微小区域进行探测，定性和定量分析元素种类和含量。考虑到储层的强非均质性，单一的测量方法可能会出现实验结果的误差。因此，本节将联合傅里叶红外光谱、X射线光电子能谱和X射线能谱等化学方法，对致密砂岩储层在直流电场作用下的表面含氧性质变化进行准确表征。

一、含氧性质的表征研究

X射线光电子能谱：将和傅里叶红外光谱测试中相同目数的样品粉末压成透明薄片。采用X-Ray000 300μm－FG ON实验设备进行XPS测定。源枪类型为Al K Alpha，分析仪模式的CAE通过能量为200.0eV，能量步长为1.000eV，总步长为1261eV。

X射线能谱：取上述部分薄片进行氩离子抛光和镀金后，使用美国EFI公司生产的Quanta 200扫描电子显微镜，在扫描岩石表面微观形貌时，进行表面元素的分析。

二、X射线光电子能谱的结果分析

和傅里叶红外光谱相似，特定波峰的面积通常表示其相应分子基团的数量。由于不同的振动范围往往是单个峰的叠加，采用XPSPEAK41拟合软件通过计算解卷积来定量单个峰的面积。

实验过程中氧元素的结合能在528～538eV。实验获取的氧元素的X射线光电子能谱曲线如图4－11(a)所示。相关文献表明，不同含氧官能团(C═O、OH、

C—O 和 COOR）的结合能分别为 531.2eV、532eV、532.7eV 和 533.4eV。基于此开展致密砂岩不同类型含氧官能团的含量计算，该拟合过程如图 4-11(b)所示。

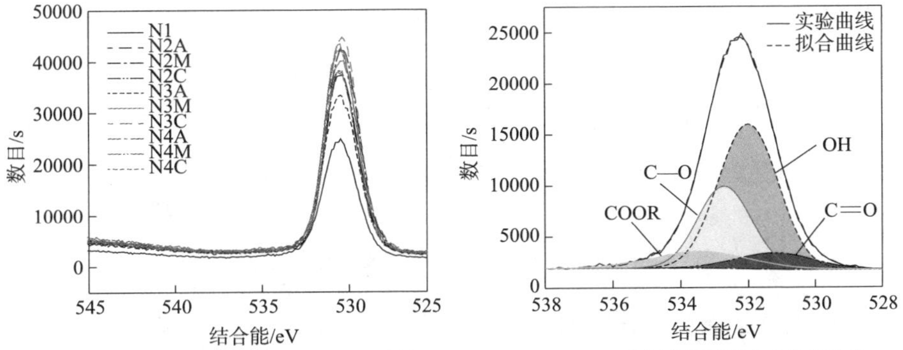

(a)10个X射线光电子能谱样品氧元素结果
(b)含氧官能团拟合曲线的结果

图 4-11　致密砂岩氧元素 X 射线光电子能谱曲线

从图 4-11(a)实验结果观察到，直流电场作用后的样品(N2、N3 和 N4)氧元素含量明显高于未处理状态下的样品(N1)，说明直流电场作用增加了致密砂岩中氧元素的含量。

根据 X 射线光电子能谱拟合计算的不同类型含氧官能团的面积比变化特征，同时，结合傅里叶红外光谱获取的相关含氧官能团的变化规律来相互验证拟合结果，如图 4-12 所示。

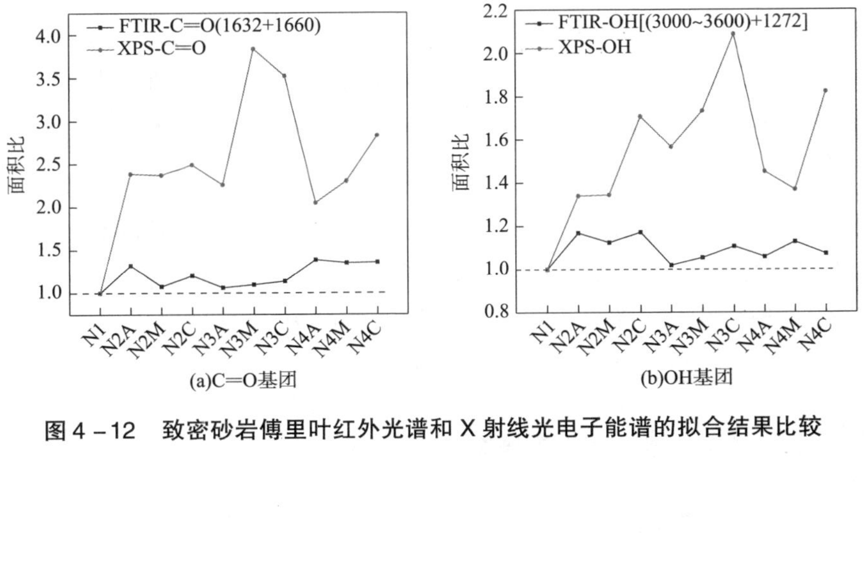

(a)C=O基团
(b)OH基团

图 4-12　致密砂岩傅里叶红外光谱和 X 射线光电子能谱的拟合结果比较

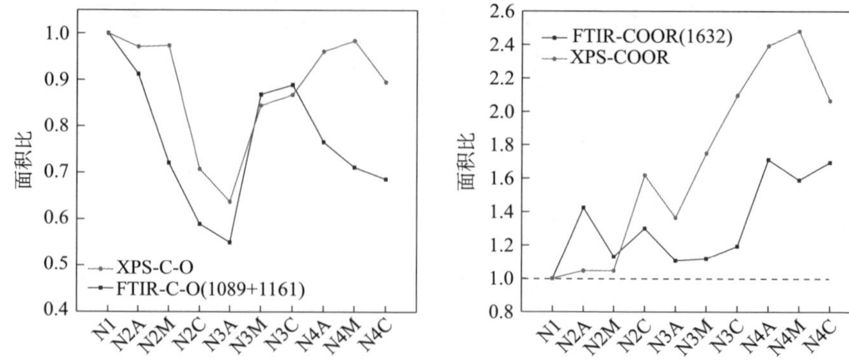

(c)C—O基团　　(d)COOR基团

图 4－12　致密砂岩傅里叶红外光谱和 X 射线光电子能谱的拟合结果比较(续)

X 射线光电子能谱拟合结果表明，致密砂岩样品的 C═O 基团、OH 基团和 COOR 基团的面积比均超过 1.0，说明直流电场作用增加了 C═O 基团、OH 基团和 COOR 基团的含量。样品的 C—O 基团的面积比小于 1.0，这意味着直流电场作用减少了 C—O 基团的含量。从图 4－12 中可以看出，傅里叶红外光谱和 X 射线光电子能谱关于致密砂岩含氧官能团的拟合结果基本保持一致。

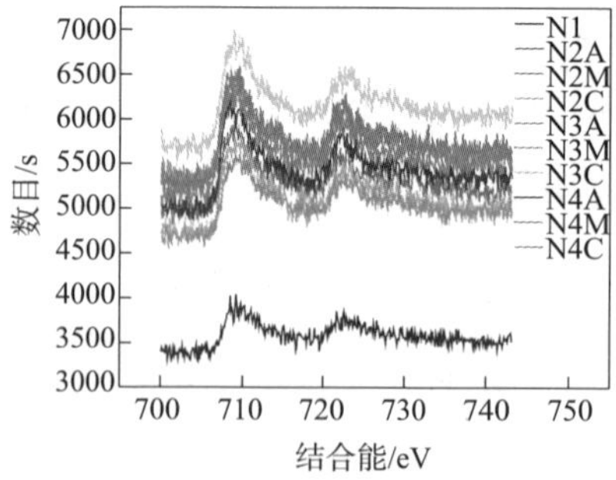

图 4－13　致密砂岩 X 射线光电子能谱中铁元素含量的实验结果

X 射线光电子能谱中关于铁元素含量的实验结果如图 4－13 所示。

X 射线光电子能谱的铁元素(图 4－13)结果显示：在直流电场作用下，铁元素增加，尤其是阴极区域的铁元素含量更高。分析认为是阳极产生的溶解环境导致电极或者阳极区域的含铁矿物发生化学反应，产生的铁离子移动到阴极区域聚集。从本书关于直流电场作用下致密砂岩孔隙结构变化一章的内容可以看出，在足够高的直流电场强度下，溶液流出物呈红褐色沉淀，经分析认为是氢氧化铁沉淀。侧面反映出三价铁离子在高强度电场作用下，与阴极区域处产生的氢氧根离子发生反应并生成沉淀。三价铁离子的氧化性质较强，导致整个岩心在直流电场的作用下均产生了氧化反应。

三、X 射线能谱的结果分析

傅里叶红外光谱和 X 射线能谱结果表明，在直流电场作用下，特定类型的含氧官能团数量增多，储层表面的含氧量增加。因此，使用 X 射线能谱对直流电场作用前后储层的表面含氧量变化进行进一步验证。选取了在直流电场作用(10V)下致密砂岩不同区域扫描电镜附带的 X 射线能谱实验结果。选取致密砂岩未处理区域的样品 N1 和直流电场作用后不同区域的样品 N3，每个区域选取 4 个实验点进行探测，实验结果如图 4－14 所示。

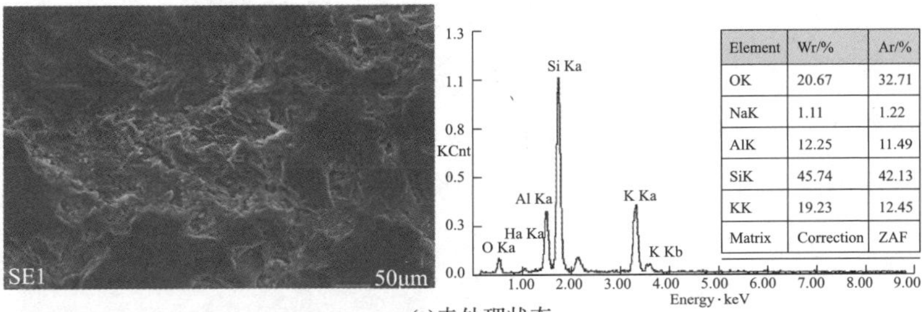

(a)未处理状态

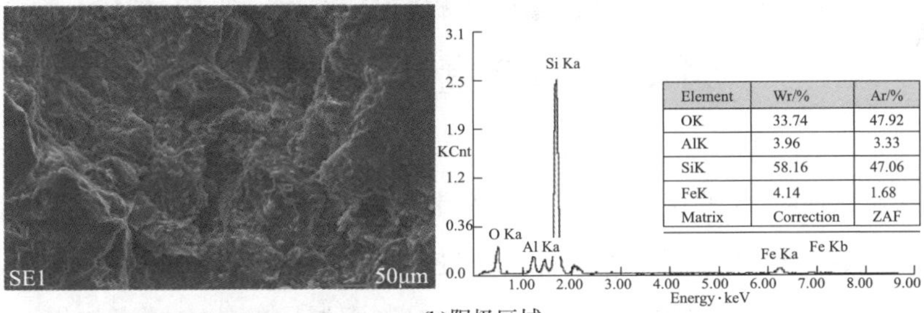

(b)阳极区域

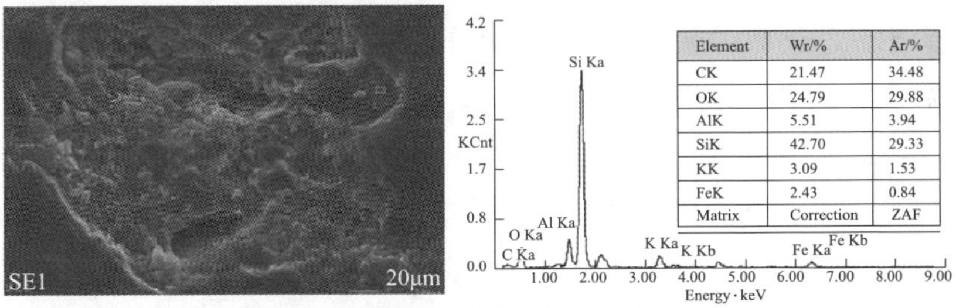

(c)中间区域

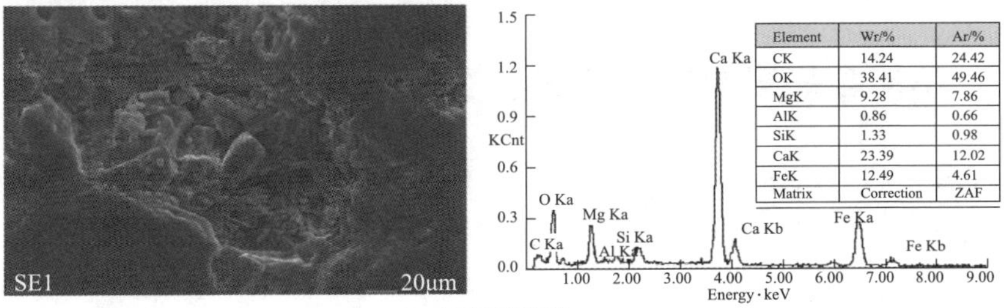

(d)阴极区域

图 4－14　致密砂岩不同区域的 X 射线能谱实验结果(软件截图)

从图 4－14 中可以看出，随着直流电场的作用，氧元素比例增高，从侧面反映出氧元素含量增加。这对应了 X 射线光电子能谱中氧元素峰值在直流电场作用下增加的现象。从含氧官能团的变化特征进行分析，X 射线光电子能谱拟合结果表明致密砂岩中羟基(OH)是主要的含氧官能团。傅里叶红外光谱拟合结果表明在直流电场作用下，会增加致密砂岩中 C═O 和 OH 官能团的含量。正是由于这些含氧官能团的增加，造成致密砂岩样品表面含氧元素的增加。

同时观察到，未处理状态 N1 样品的 X 射线能谱扫描结果未发现铁元素，而在直流电场作用后，N3 样品的阳极区域(N3A)、中间区域(N3M)和阴极区域(N3C)样品均出现铁元素，说明直流电场作用会提高致密砂岩中的铁元素含量。

第 4 节　致密砂岩中不同含氧官能团和润湿性的定量关系研究

相关文献表明，含氧官能团在决定储层润湿性方面起着重要作用。然而，关于含氧官能团和储层润湿性的关系还需要进一步研究。例如，含氧官能团与润湿性的定量关系是什么，不同类型含氧官能团控制润湿性的能力顺序如何，含氧官能团如何影响储层的润湿性。因此，本节着重引入电负性参数来说明致密砂岩含氧官能团和润湿性之间的联系。

相关文献对于使用傅里叶红外光谱在一些波数上对含氧官能团有不同的划分标准，主要是由于含氧官能团类型复杂，引入电负性来定量表征较为困难。因此，本节采用 X 射线光电子能谱的拟合计算结果来研究致密砂岩中不同类型含氧官能团和润湿性的定量关系。

一、不同含氧官能团决定润湿性的能力分析

通过 X 射线光电子能谱拟合计算不同类型的含氧官能团含量，计算结果如图 4－15 所示。

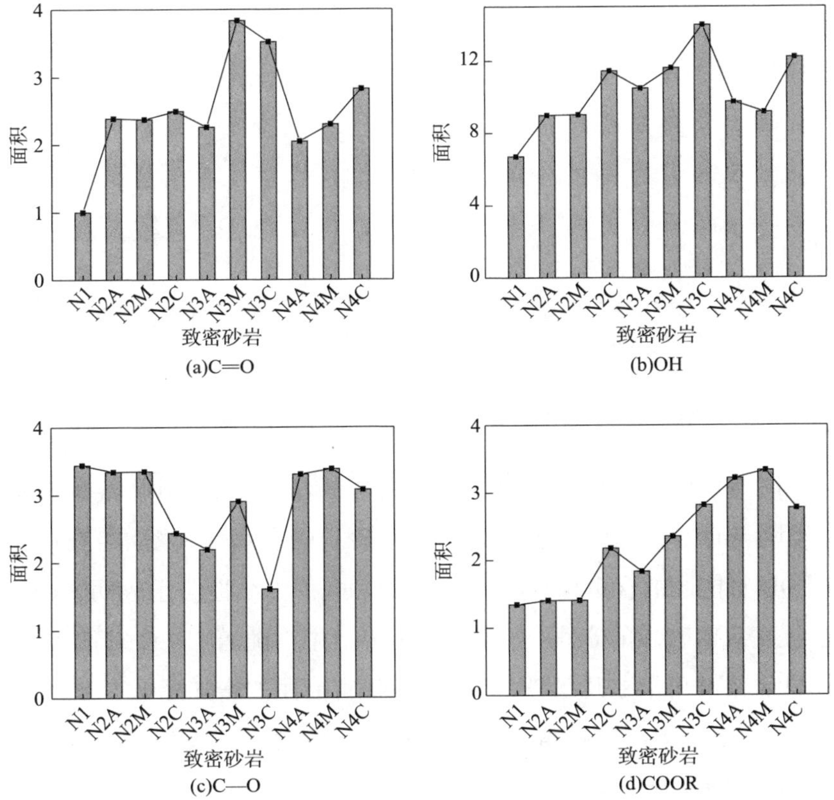

图4－15　致密砂岩不同含氧表面官能团面积计算结果

基于不同类型官能团含量和接触角数据的计算，建立致密砂岩含氧官能团与润湿性之间的定量关系，如图4－16所示。

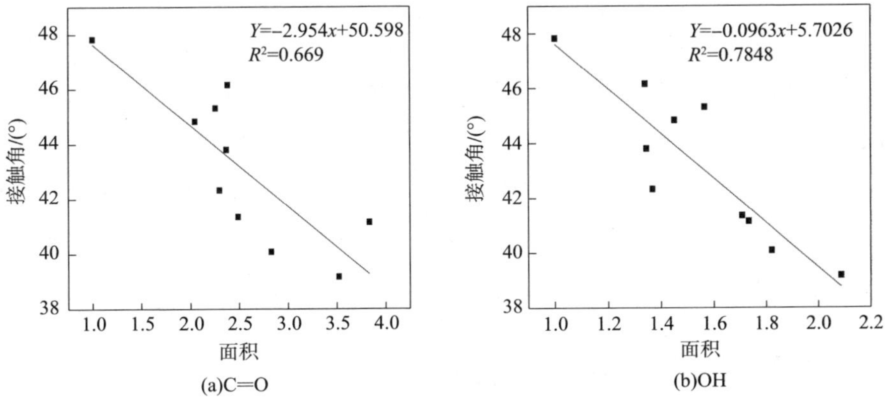

图4－16　致密砂岩表面接触角和官能团关系图

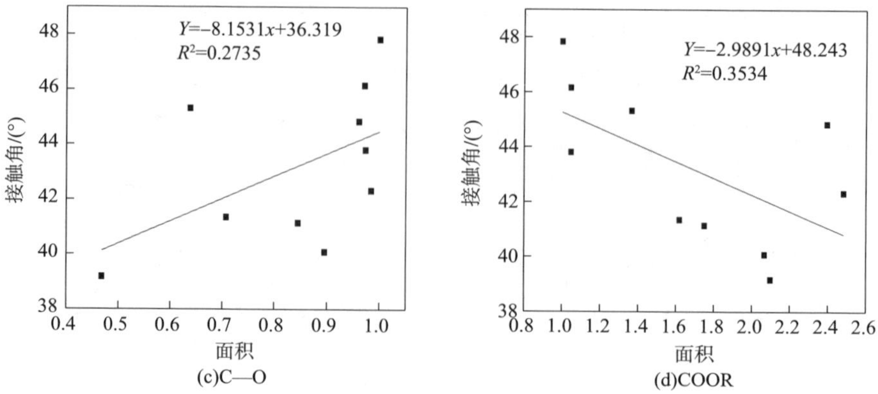

图 4 -16　致密砂岩表面接触角和官能团关系图(续)

图4 -16(a)显示，随着 C═O 官能团的含量增加，致密砂岩接触角呈下降趋势。这表明 C═O 官能团的增加提高了致密砂岩的亲水性。图 4 -16(b)中，接触角随着 OH 官能团的含量增加呈下降趋势。这种负线性关系表明，OH 官能团的增加会提高致密砂岩的亲水性。图 4 -16(c)中，随着 C—O 官能团含量的增加，致密砂岩接触角呈上升趋势，表明 C—O 官能团的增加降低了致密砂岩的亲水性。图 4 -16(d)中，接触角与 COOR 官能团的含量呈负相关，COOR 官能团的增加提高了致密砂岩的亲水性。

一般来说，线性表达式的系数可以用来表示分子基团控制致密砂岩润湿性的能力。更高的拟合系数意味着控制储层表面润湿性的能力更强。因此，根据线性表达式的系数大小，探究出不同类型含氧官能团决定致密储层表面润湿性的能力顺序为：OH(0. 7848) > C═O(0. 669) > COOR(0. 3534) > C—O(0. 2735)。

从不同类型含氧官能团控制致密砂岩储层表面润湿性的能力顺序可以发现：OH 官能团与润湿性有最高的线性关系，然后依次是 C═O、COOR 和 C—O 官能团。因此，OH 基团在致密砂岩的润湿性中起决定作用，然后依次是 C═O 基团、COOR 基团和 C—O 基团。这也从侧面解释了为何 C—O 官能团本身会提高材料亲水性，但在本实验中反而呈现出与亲水性负相关的关系，主要是其控制润湿性的能力相比其他类型含氧官能团较弱。

二、含氧官能团的电负性表征

不同类型含氧官能团由于其固有特性可以吸引不同数量的电荷，这种特性称为电负性。因此，高电负性的官能团会在其附近吸引更多的电荷。基于此想法，引入电负性来研究不同类型含氧官能团在控制致密砂岩表面润湿性方面的能力差异机理。

相关文献表明，不同类型含氧官能团(C═O、OH、C—O 和 COOR)的电负性值分别为 3.018、3.542、2.881 和 3.04，如图 4－17 所示。

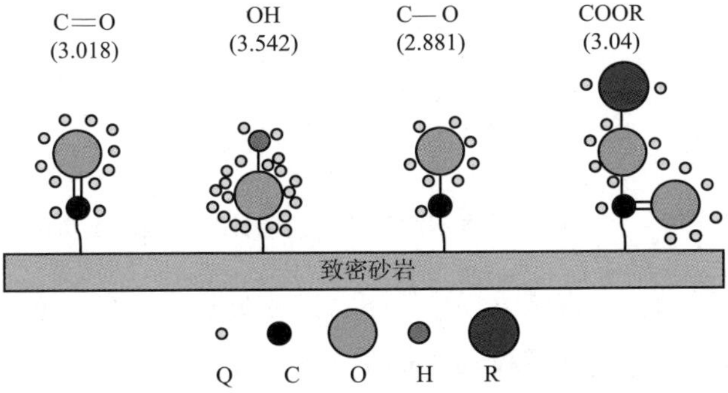

图 4－17　致密砂岩中不同类型含氧官能团的电负性

需要注意的是，不同类型含氧官能团的总电负性可以通过相关含氧官能团的含量分别乘以官能团的固有电负性来计算，结果如图 4－18 所示。

图 4－18 表明，在直流电场作用下，不同类型含氧官能团的电负性在致密砂岩表面的比例会发生变化。OH 的电负性所占比例最大，明显超过其他分子基团所占电负性的比例，说明 OH 基团在控制致密砂岩的电负性中起主导作用。同时，观察到随着直流电场强度的增加，C═O 和 COOR 的电负性所占比例增强，C—O 电负性所占比例减弱。正是致密砂岩中含氧官能团在直流电场作用下的变化特征，导致 C—O 和润湿性呈现出负相关的变化规律，其他类型含氧官能团和润湿性呈现出正相关的变化规律。

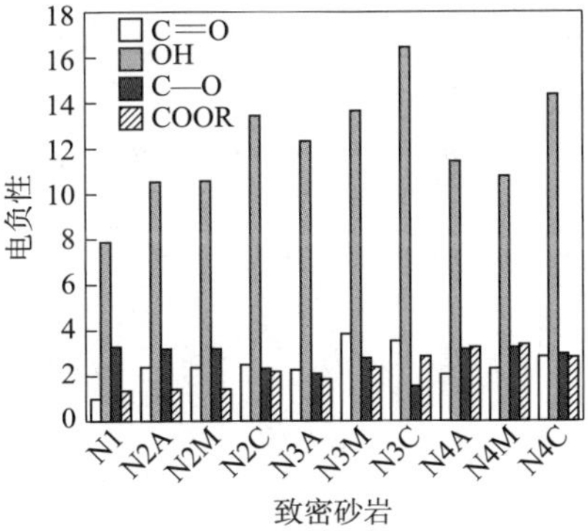

图 4－18　致密砂岩不同类型含氧官能团的总电负性

三、电负性和氢键的关系研究

致密砂岩储层表面由不同类型的含氧官能团控制。因此，致密砂岩总电负性也可以通过将不同类型含氧官能团（C═O、OH、C—O 和 COOR）的总电负性相加来确定，结果如图 4-19 所示。

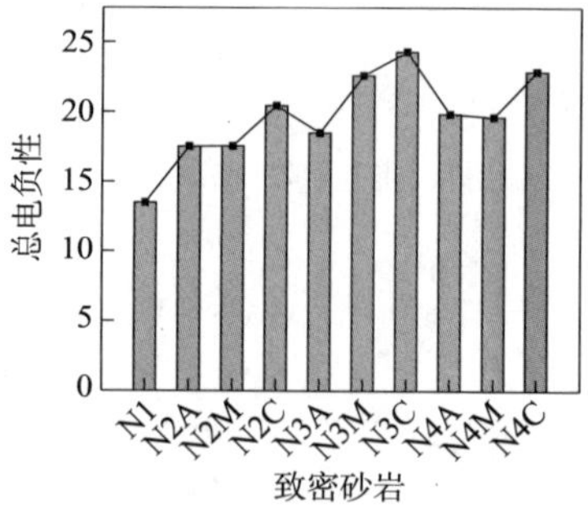

图4-19　致密砂岩不同类型官能团计算后的总电负性

如图 4-19 所示，在直流电场作用下，致密砂岩表面的电负性增强。根据计算得知，致密砂岩总电负性不仅与不同类型含氧官能团的固有电负性属性有关，还与相应含氧官能团的含量有关。结合图 4-18 分析，致密砂岩 C═O 官能团、OH 官能团和 COOR 官能团在直流电场的作用下增加，从而进一步提高了致密砂岩的总电负性。

在获取致密砂岩表面总电负性和润湿性的数据基础上，通过线性表达式建立致密砂岩表面总电负性和润湿性的关系，如图 4-20 所示。

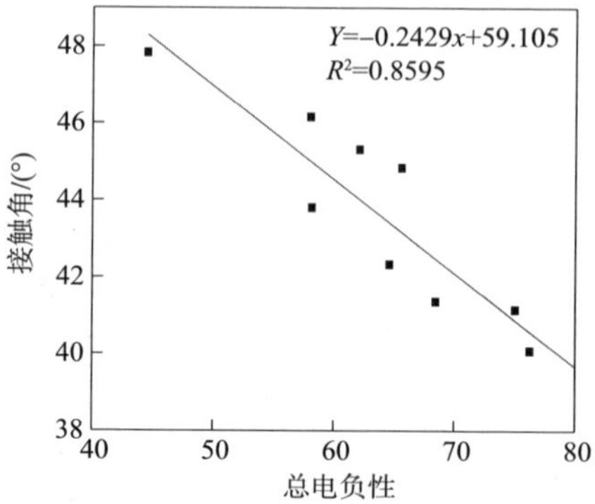

图4-20　致密砂岩表面总电负性和表面接触角的关系

图 4-20 表明，致密砂岩接触角随总电负性的增加而下降，线性表达系数为 0.8595。这表明接触角与电负性之间达到良好的线性关系。

在直流电场的作用下，致密砂岩表面的 C═O 含氧官能团、OH 含氧官能团和 COOR 含氧官能团数量增加。由于不同含氧官能团的固有属性电负性不同，这种固有属性不会随着外界环境的变化发生改变。因此，致密砂岩总的电负性呈增加趋势，将会吸引更多的电荷，如图 4－21 所示。

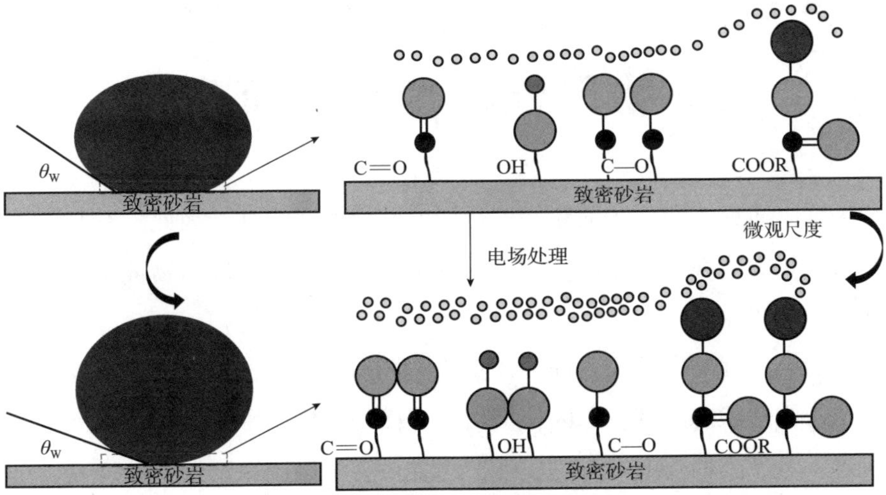

图 4－21　分子角度的致密砂岩表面润湿性变化机理

更高的电负性会使含氧官能团 O 原子周围具有更多的负电荷，使其具有更高的电子密度，而水中的氢原子周围带有部分正电荷。对电负性更强的含氧官能团来说，将会具有更强的吸引力，与水中的氢原子结合形成氢键就相对更容易，与水结合的能力就更强。

综上所述，不同类型含氧官能团控制致密砂岩表面润湿性的能力不仅与其固有属性中的电负性有关，同时与其含量有关。一般来说，电负性越强，相关含氧官能团的含量越多，此种含氧官能团总电负性越强，表现出的亲水特性越强，控制致密砂岩表面润湿性的能力就越强。同时，致密砂岩表面的润湿性可以使用总电负性来定量表示。在直流电场作用下，致密砂岩表面总电负性越强，其表面氢键结合越强，表面的亲水性也就越强。

第 5 章　直流电场作用下致密砂岩表面物理性质变化特征研究

相关文献研究表明，表面粗糙度会影响储层的润湿性。因此，有必要分析致密砂岩表面粗糙度在直流电场作用下的变化特征，进而从表面物理角度揭示粗糙度和润湿性的关系。

通过岩心尺度的实验，表征了在直流电场作用下致密砂岩表面粗糙度的变化特征。结合润湿状态的转变原因，提出了表面物理作用影响下的致密砂岩润湿性变化机理。考虑到储层的强非均质性，建立一套可以应用于致密砂岩储层进而实现同一样品同一区域在外加环境变化下实时原位观测表面形貌的方法。基于此方法，研究了原子力显微镜和扫描电镜在直流电场作用下的形貌变化特征，揭示了表面粗糙度的变化机理。

第 1 节　致密砂岩储层表面粗糙度变化特征研究

一、致密砂岩表面粗糙度变化实验介绍

原子力显微镜实验：将第 4 章第 1 节中经直流电场作用处理的致密砂岩样品（直流电场为 10V 的不同区域样品）和未处理状态下直径为 2.5cm、厚度约为 1cm 的样品切片，通过美国安捷伦 Agilent5500 仪器（最大分辨率为 1024 × 1024，最大扫描范围为 90μm × 90μm）采用接触模式确定致密砂岩表面形态。此原子力显微镜扫描面积为 6μm × 6μm，且 4 个样品在不同位置随机扫描四次求取平均值以降低非均质性的影响。

图 5 – 1 显示了四个致密砂岩样品（N1、N3A、N3M 和 N3C）的不同原子力显微镜二维和三维图像。

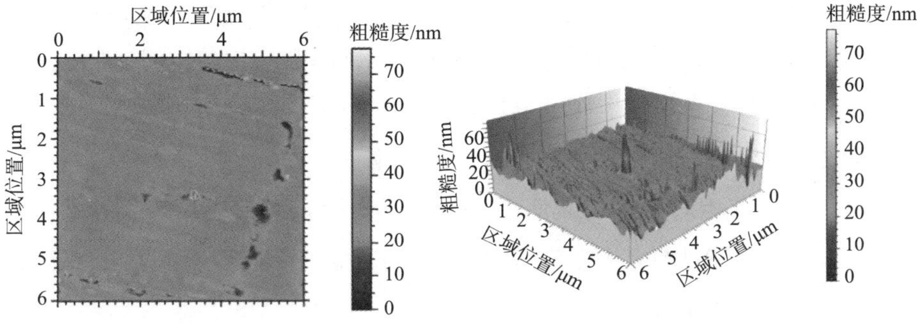

(a)N1

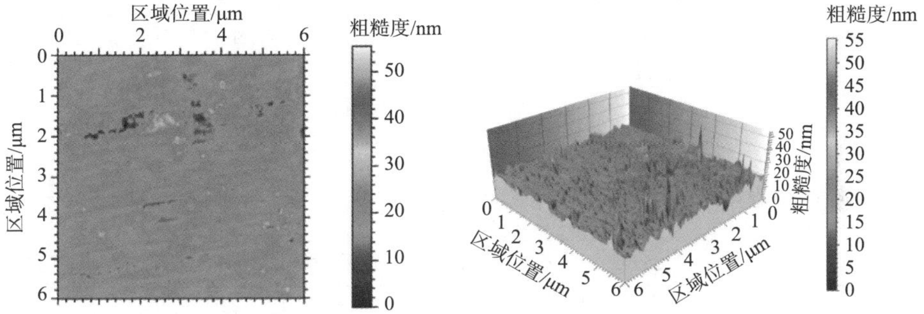

(b)N3A

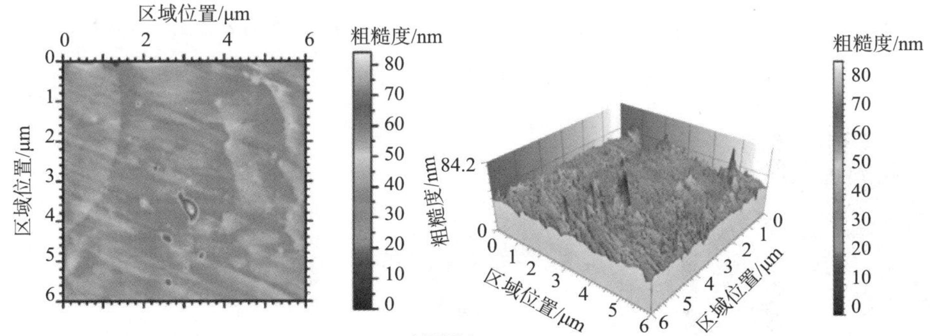

(c)N3M

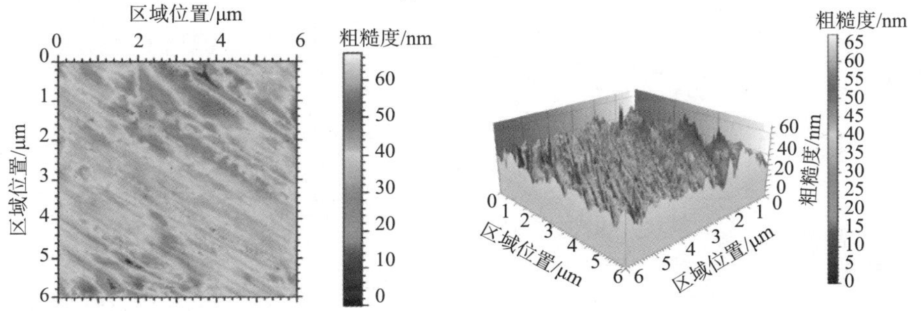

(d)N3C

图 5－1　致密砂岩样品不同原子力显微镜二维和三维图像

从图5－1中可以观察到，原子力显微镜图像在直流电场作用下更多地从蓝青色向黄红色转变，说明致密砂岩样品表面生成了凸起结构。同时，阴极区域原子力显微镜图像黄红色更多，说明此区域产生了更多的凸起结构。从表面形貌角度观察，致密砂岩的表面粗糙度在直流电场作用下增加。

S_a 表示每个点相对于平均表面的高度差平均值，通常被用于描述表面的粗糙度，计算出致密砂岩样品在直流电场作用前后平均粗糙度结果如表5－1所示。

表5－1　致密砂岩样品在直流电场作用前后的平均粗糙度结果

参数	N1	N3A	N3M	N3C
S_a/nm	27.2	70.1	59.4	51.5
	28.7	67.5	54.7	95.7(C2)
	28.0	69.6	65.8	43.3
	23.9	69.7	80.2	55.3
平均值/nm	26.95	69.23	65.03	61.45

从表5－1中可以看出，致密砂岩未处理状态下N1样品的平均粗糙度为26.95nm。在直流电场作用下，N3A样品的平均粗糙度为69.23nm，N3M样品的平均粗糙度为65.03nm，N3C样品的平均粗糙度为61.45nm。从粗糙度数值可以看出，直流电场作用增加了致密砂岩表面不同区域的粗糙度。

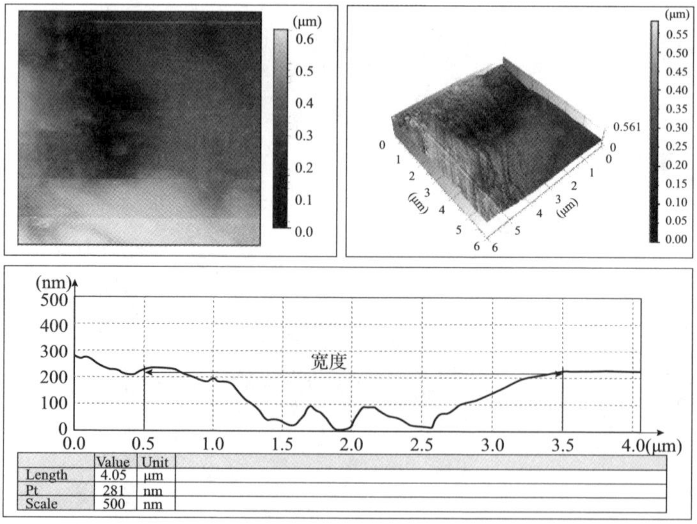

N3C2

图5－2　致密砂岩阴极区域存在的微裂缝(软件截图)

岩石的表面形貌与粗糙度密切相关，这是由于表面孔隙尺度的变化会造成粗糙度数值的变化。如图5－2所示，N3C2的粗糙度为95.7nm，明显高于N3C样品的平均粗糙度结果。观察发现致密砂岩在原子力显微镜下出现裂缝形态，进而增加了致密砂岩表面的粗糙度。

二、岩石不同区域表面粗糙度变化的原因分析

从致密砂岩孔隙结构变化的角度分析：前文研究结果表明，电解作用产生的气体从基质中逸出会打开原本封闭的孔隙。电渗冲击以及电泳作用会造成孔喉扩大。在电动作用下，孔隙相互融合成大孔隙，当超过临界值时会形成微裂缝。因此，在直流电场作用下，发育的孔隙和微裂缝提高了致密砂岩储层表面的粗糙度。同时，观察到阳极区域的粗糙度增大，主要是电泳作用和电解作用引起的差异。电泳作用会引起黏土矿物颗粒聚集并充填阳极区域，造成凸起结构的产生。同时，电解作用产生的酸性环境溶解阳极区域的黏土矿物，导致生成更多的新孔隙，从而提高了阳极区域的粗糙度。

从表面官能团变化的角度分析：含氧官能团含量的增加会导致致密砂岩孔隙结构松散，造成更大的孔隙尺度。因此，在直流电场的作用下，OH 含氧官能团、C═O 含氧官能团和 COOR 含氧官能团含量的增加，提高了致密砂岩的孔隙尺度，进一步提高了其表面的粗糙度。

三、表面物理性质与润湿性的关系研究

在直流电场作用下，致密砂岩界面附近电荷会发生聚集，溶液更倾向于和致密砂岩表面的官能团形成氢键，从而排出空气。同时，电解形成的气体会进一步冲破液体对气体的封锁，顺利排出液体下方的空气。基于此，在直流电场作用下，致密砂岩表面润湿状态会从 Cassie-Baxter 状态转换为 Wenzel 状态，导致固－液接触面积增大，提高致密砂岩的亲水性。

同时，在直流电场的作用下，岩石表面的粗糙度增加，进一步提高了致密砂岩的亲水性。因此，从表面物理角度分析，综合粗糙度和润湿状态的变化特征认为，致密砂岩表面粗糙度和润湿状态变化的耦合作用会造成其表面亲水性提高，如图 5－3 所示。

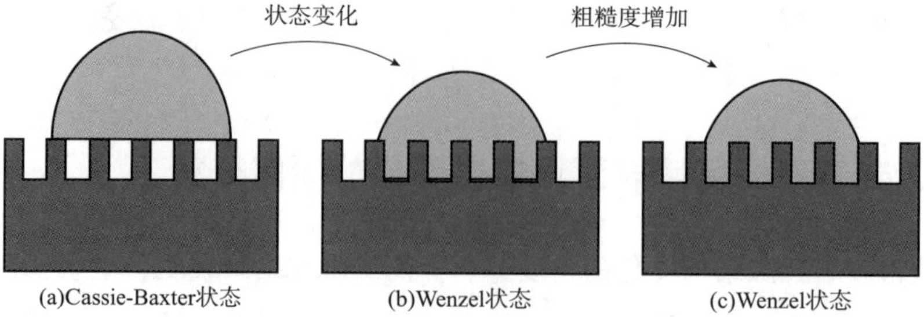

图5-3　表面物理角度下致密砂岩润湿性在直流电场作用下的变化机理

化学因素和物理因素对润湿性的影响：基于化学因素和物理因素对润湿性的影响研究，认为化学因素在决定致密砂岩润湿性方面起主导地位。原因如下：N1 样品的平均粗糙度为 26.95nm。在直流电场作用下，N3 样品的粗糙度明显大于未处理状态下的 N1 样品。同时，N3 样品表现出比 N1 样品更强的亲水特性。这符合增加粗糙度有助于增强储层表面亲水特性的规律。然而，N3A 样品的平均粗糙度高于 N3C 样品，而 N3C 样品表现出比 N3A 样品更强的亲水特性。对比之下，N3C 样品的含氧官能团含量比 N3A 样品高。综合分析认为，表面物理因素确实会影响润湿性，但表面化学因素在决定致密砂岩润湿性方面起主导作用。

第 2 节　原子力显微镜和扫描电镜在同一样品区域的表面形貌表征研究

致密砂岩是一种独特的多孔非均质材料。为了减弱甚至消除非均质性对致密砂岩表面形貌的影响，很有必要解决在直流电场作用前后同一样品同一区域的表面形貌实时动态观察问题。在本节中，首先建立了原子力显微镜和扫描电镜扫描同一样品同一区域的原位动态观察方法。基于此方法，在本章第 3 节和第 4 节分别研究了直流电场作用下致密砂岩的原子力显微镜和扫描电镜图像变化特征。

通过处理原子力显微镜图像，可以进一步定量获取储层孔隙面积、孔隙数和孔径等信息。由于其高分辨率，原子力显微镜有助于在纳米尺度上检测表面形貌，这是其他方法难以达到的。此外，它还可以创建三维视图，帮助研究人员更好地分析和了解孔隙结构。扫描电镜具有可扩展性、便利性和灵活性，可用于快速识别微观视图，包括孔隙形态、孔隙大小和矿物分布。扫描电镜以其快速、方便的特点，为石油工程表面形貌的检测提供了方便。然而，它也存在无法检测孔隙深度和表面粗糙度的缺点。此外，它的相对分辨率限制了其探测纳米级孔隙的能力。因此，基于原子力显微镜和扫描电镜的独特性，将两种方法结合起来对综合确定非常规储层孔隙结构具有重要意义。结合两种技术，可以充分利用原子力显微镜和扫描电镜的优势，以高分辨率有效地检测致密砂岩从纳米尺度到微米尺度的孔隙结构。

虽然原子力显微镜和扫描电镜是高灵敏度和高分辨率的技术，但往往只能探测到非常小的区域，这就给非常规储层的非均质性带来了挑战，即在使用这两种方法时，很难在同一样品的同一位置描述致密砂岩储层的孔隙结构。因此，解决非常规储层的非均质性强的问题面临挑战。有学者通过将原子力显微镜和 800 张高分辨率的电镜扫描图像整合成一张大的扫描电镜图像，成功地在煤层同一样品同一区域上实现了对孔隙结构的观察。然而，扫描 800 张电镜图像无疑会耗费大量的时间和金钱。此外，该方法虽对页岩和煤有效，却可能不适用于致密砂岩。这是由于页岩和煤的电镜扫描图像显示的灰度图像存在差异，有机质在扫描电镜中呈黑色，可以方便区分。然而，对于致密砂岩而言，由于有机质含量较少，原子力显微镜和扫描电镜在同一样品同一区域的孔隙结构表征上遇到较大挑战。

原位动态方法思路：为了快速有效地实现在致密砂岩同一样品同一区域的孔隙结构观测，必须采用标记(固定位置)方式。在这里，为了能够实现原子力显微镜和扫描电镜在致密砂岩同一样品同一区域上快速有效地观测孔隙形貌，引入纳米压痕技术来设置标记。纳米压痕技术的主要目的是以极小的区域测量样品的力学性能，具有简单、有效、无损的特性。值得注意的是，一些技术(包括原子力显微镜和冷场扫描电镜)提供了一个坐标系统，可用于转移和重新定位目的研究区域。然而，理论与实际操作之间存在很大的差异。由于用于检测纳米尺度的技术(如原子力显微镜和扫描电镜)通常对宏观尺度的移动非常敏感，宏观上轻微的移动将导致在微观视角下无法找到目的研究区域。同时，即使借助原子力显微镜和扫描电镜附带的坐标系统，也无法将致密砂岩薄片安装在与之前扫描相同的位置。因此，只有在样品中加入标记，我们才能快速地找到无惧任何外界环境刺激的目的研究区域。显然，纳米压痕是实现致密砂岩同一样品同一区域定点观察的完美技术。

原子力显微镜和扫描电镜可以快速搜索纳米压痕技术创建的标记区域并扫描致密砂岩目的研究区域。关于标记区域和目的研究区域之间的关系，标记区域是我们用纳米压痕技术标记的区域，而目的研究区域是使用原子力显微镜和扫描电镜观测的区域。一般来说，目的研究区域位于标记区域周围，在此情况下找到标记区域后更容易快速找到目的研究区域。如果目的研究区域远离标记区域，在找到标记区域后较难进一步快速找到目的研究区域，这不利于进行下一步的实验。对于一般的扫描电镜仪器，需要镀金手段来提升样品的导电性，以促进电子从发射源移动，从而产生高质量的扫描电镜图像。然而，在致密砂岩表面溅射喷金后，样品的表面性质会不可避免地发生一定程度的改变。例如，会产生失真的表面形貌和虚假的成分信息。在此，本书使用冷场扫描电镜来解决这个问题。由于利用了样品自身的导电性，可以在不喷金的情况下记录扫描电镜图像。因此，冷场扫描电镜可以视作表征样品表面形貌的一种无损技术。由此，以纳米压痕技术为媒介，采用原子力显微镜和冷场扫描电镜可以实现致密砂岩同一样品同一区域对表面形貌的快速扫描。该研究在结合原子力显微镜和冷场扫描电镜综合确定储层孔隙结构方面具有潜在的应用前景。

借助纳米压痕(Nanoindentation)实验创建了一个标记区域(Marked District, MD)。原子力显微镜和扫描电镜实验可以通过搜索这个标记区域快速定位。在定位的过程中，可以使用这些技术附带的特殊支架表面的坐标系粗略调整位置，然后根据镜头细微调整。定位结束后，通过选择感兴趣区域(Region of Interests)观察同一样品同一区域致密砂岩的孔隙形貌。

一、致密砂岩的表面形貌的实验研究

将致密砂岩样品切成直径25mm、厚度1mm的薄片后，对薄片进行氩离子抛光，使表面粗糙度达到原子力显微镜能够探测的标准。以下部分详细描述了纳米压痕、原子力显微镜和扫描电镜等相关实验步骤。

1. 纳米压痕(NI)实验

纳米压痕技术旨在测量样品的微尺度机械性能，具有简单、有效和无损的特性。使用G200纳米压痕仪(美国Agilent公司)创建六个压痕点以构建标记区域

（MD）。G200 纳米压头的位移分辨率小于 0.01nm，载荷分辨率为 50 nN。压头深度最大可达 500μm。实验中，深度极限为 3000nm，应变速率目标为 0.051/s，谐波位移目标为 2.0nm，频率目标为 45.0 Hz。纳米压痕凹陷深度的控制是通过纳米级的先进微尺度机械测量技术实现的。在下压过程中，当压头压入样品时，样品首先发生弹性变形，并随着压头进一步下压而转变为塑性变形。一旦从样品中去除卸载压力，就会发生弹性变形的恢复，且塑性变形的影响导致了锯齿状形态。纳米压痕的原理示意如图 5－4 所示。同时，纳米压痕点在原子力显微镜中的表面形貌如图 5－5 所示。其中，图 5－5(a)为高度传感器，图 5－5(b)为峰值力误差。

纳米压痕实验步骤如下：

(1)将致密砂岩切片固定在纳米压痕仪器样品台上。

(2)调节纳米压痕仪器附带的光学显微镜焦距，使光学图像清晰。

(3)选择一个区域来创建标记区域。

(4)移出样品并开展随后的原子力显微镜和扫描电镜实验。

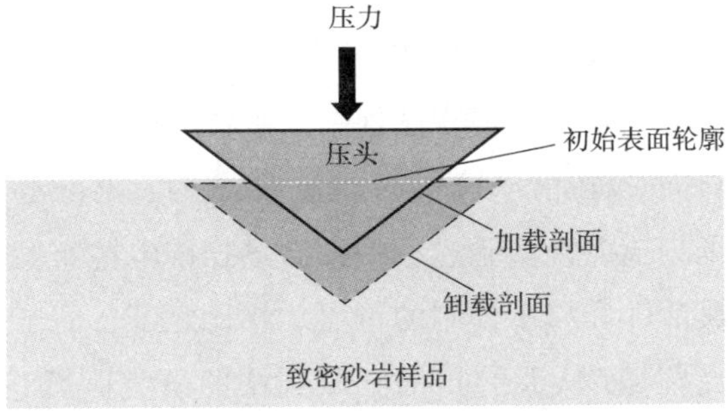

图 5－4　致密砂岩纳米压痕实验原理示意

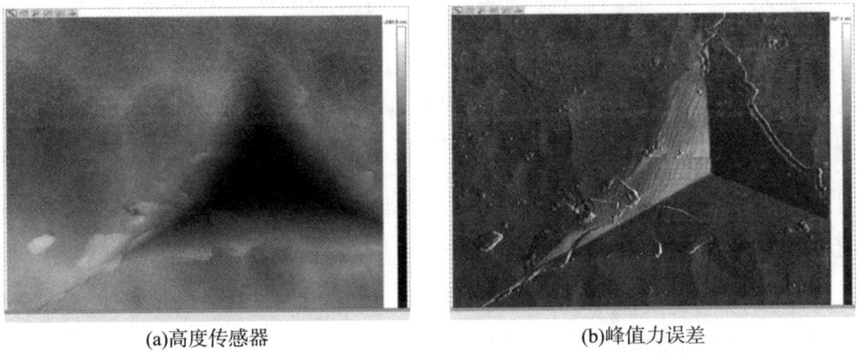

图 5－5　致密砂岩原子力显微镜压痕点表面形貌

2. 原子力显微镜(AFM)实验

纳米压痕标记实验使用德国 Bruker 公司的 Dimension Icon 型号原子力显微镜。最大扫描范围达到 $90\mu m \times 90\mu m \times 10\mu m$，XY 方向分辨率为 0.15nm，Z 方向分辨率为 0.035nm。此外，ICON 光学系统具有 500 万像素的电荷耦合器件(CCD)，光学分辨率高达 $1\mu m$。目前，原子力显微镜在储层的孔隙结构、电性能、机械性能、表面粗糙度和表面力等方面显示出潜在的应用。在本研究中，原子力显微镜的应用重点是储层的孔隙结构。

原子力显微镜实验过程如下：

(1)将标记后的致密砂岩薄片样品放置在原子力显微镜样品台上，调节原子力显微镜扫描为接触模式。

(2)移动样品台并使用原子力显微镜附带的光学显微镜识别纳米压痕已标记的区域。

(3)选择目标扫描区域并开始原子力显微镜图像的扫描。

(4)在原子力显微镜处理软件 NanoScope 分析软件中观察致密砂岩的表面形貌。

在本书中，原子力显微镜实验采用的图像扫描面积为 $15\mu m \times 15\mu m$。为了使原子力显微镜图像与冷场扫描电镜视图保持一致，在使用原子力显微镜和冷场扫描电镜观察致密砂岩同一样品同一区域孔隙的形貌时，必须确定大扫描区域。在原子力显微镜和冷场扫描电镜实验过程中，冷场扫描电镜实验在搜索很小的研究区域时具有高度的灵活性和易于控制的特点。相比之下，原子力显微镜实验需要多次扫描来确定研究区域(从大的扫描区域到小的研究区域)；此外，每次原子力显微镜扫描可能会消耗相当多的时间。因此，虽然在致密砂岩同一样品同一区域的形貌观察实验中，原子力显微镜和扫描电镜实验没有先后顺序，但建议先开展原子力显微镜实验。

相关文献表明，致密砂岩存在粒内孔隙、粒间孔隙、黏土矿物孔隙和微裂缝。在使用原子力显微镜检测粒间孔隙和黏土矿物孔隙时，无法准确获取原子力显微镜图像，这是由于这些孔隙纵向波动范围较大，导致原子力显微镜的探针不稳定。因此，本书扫描的原子力显微镜图像中的孔隙属于致密砂岩颗粒内孔隙。

3. 冷场扫描电镜实验

扫描电镜实验过程中，往往通过喷金过程来增强样品的导电性，进而获取清晰的扫描电镜图片。然而，喷金后样品的表面性质不可避免地会发生一定程度的改变，无法再次观察直流电场作用下孔隙形貌的变化特征。本书使用冷场扫描电镜来解决这个问题。冷场扫描电镜依靠样品本身的导电性来生成电镜扫描图像，具有无损特性。

冷场扫描电镜实验采用日本日立公司生产的 SU8010 仪器进行。SU8010 仪器在一般模式下分辨率为 2.0nm，在 15kV 下分辨率可达 1.0nm。加速电压范围为 0.1～30kV，放大倍数范围为 20～800k。

冷场扫描电镜实验的步骤如下：

(1)将致密砂岩薄片样品放入扫描电镜设备中，调节薄片样品位置。

(2)搜索并定位纳米压痕的标记位置。

(3)使用扫描电镜观察目标研究区域。

冷场扫描电镜实验采用二次电子(SE)模式，而非背散射电子(BSE)模式。原因如下：二次电子成像是使用入射电子轰击出的样品外层电子成像，相较而言，能量低，只能表征样品表面信息，分辨率比较高。背散射电子是入射电子被样品散射然后成像，能量很高，接近入射电子，因而可以反映样品内部比较深的信息，分辨率相对较低。由于原子核和外层价电子间的结合能很小，当原子的核外电子从入射电子获得了大于相应结合能的能量后，可使得核外电子脱离原子成为自由电子。如果这种散射过程发生在比较接近样品的表层处，那些能量大于材料逸出功的自由电子可从样品表面逸出，变成真空中的自由电子，即二次电子。二次电子来自表面 5～10nm 的区域，能量为 0～50eV。它对试样表面状态非常敏感，能有效地显示试样表面的微观形貌，二次电子的分辨率较高。

与原子力显微镜相比，冷场扫描电镜的标记位置定位相对困难，因为致密砂岩样品在扫描电镜中的视野基本呈全灰色图像，增加了搜索目标研究区域的难度。根据实验经验，可以通过纳米压痕点所在的颗粒形状搜索目标研究区域。搜索过程如图 5－6 所示。关于颗粒形状搜索，有人提出：通过搜索颗粒形状而不应用纳米压痕技术似乎也能实现标记的目标。但是，扫描电镜视图中呈灰色图像，因此某些颗粒可能会呈现相似的形状。此外，将该方法应用于直流电场作用前后致密砂岩同一样品同一区域表面形貌的原位观察，作为标记的纳米压痕点是必不可少的。

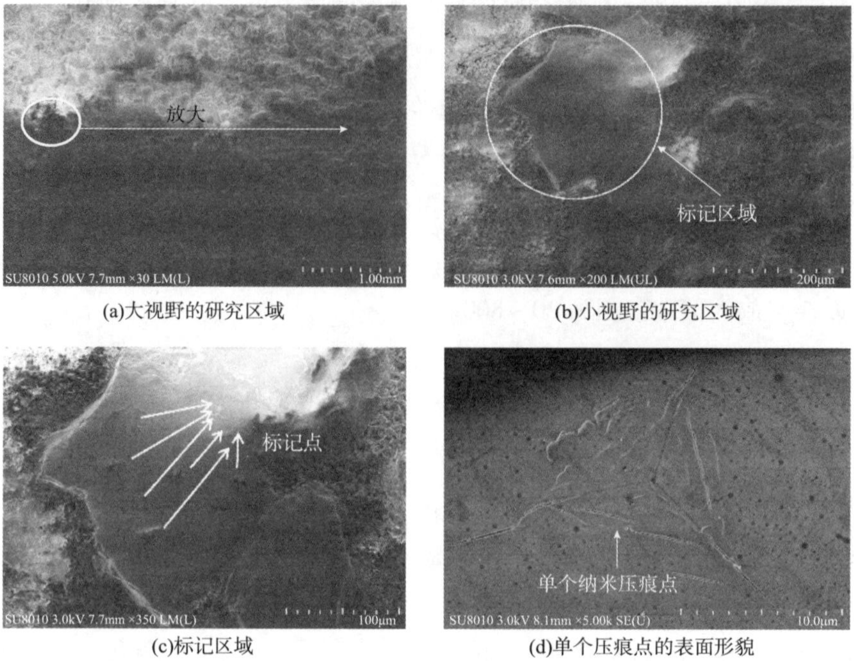

(a)大视野的研究区域　(b)小视野的研究区域

(c)标记区域　(d)单个压痕点的表面形貌

图 5－6　致密砂岩冷场扫描电镜寻找目的研究区域的过程

二、同一样品同一区域的表面形貌研究

通过移动原子力显微镜样品台，使用原子力显微镜仪器附带的高分辨率光学显微镜寻找纳米压痕的标记点。该阶段如图 5－7 所示。

在图 5－7(a)的标记区域上可以观察到六个纳米压痕点。在标记区域附近扫描本研究中的研究区域，见图 5－7(c)，并获取原子力显微镜图像。冷场扫描电镜可以通过颗粒形状来快速定位标记区域，如图 5－7(b)所示。随后获取研究区域的扫描电镜图像，如图 5－7(d)所示。

在原子力显微镜实验过程中，可以通过原子力显微镜仪器上附带的高分辨率光学显微镜观察致密砂岩薄片样品的光学形貌。通过原子力显微镜移动样品台来快速寻找纳米压痕的标记区域。例如，图 5－7(a)显示了纳米压痕的标记区域，其中可以观察到六个纳米压痕点。然后基于标记区域的位置对本研究的目的研究区域[图 5－7(c)]进行扫描，获取原子力显微镜图像。在冷场扫描电镜视角下，通过识别致密砂岩颗粒形状可以快速定位标记区域，如图 5－7(b)所示，其中可以找到六个纳米压痕点。在获取标记区域的位置后，就可以得到目的研究区域，如图 5 -7(d)所示。综合比较原子力显微镜和冷场扫描电镜在标记区域和目的研究区域上的位置，原子力显微镜和冷场扫描电镜在致密砂岩同一样品同一区域上的观测表明，利用纳米压痕技术创建标记区域的方法是可行的，原子力显微镜和冷场扫描电镜图像的一致性为原子力显微镜和冷场扫描电镜图像的比较奠定了基础。

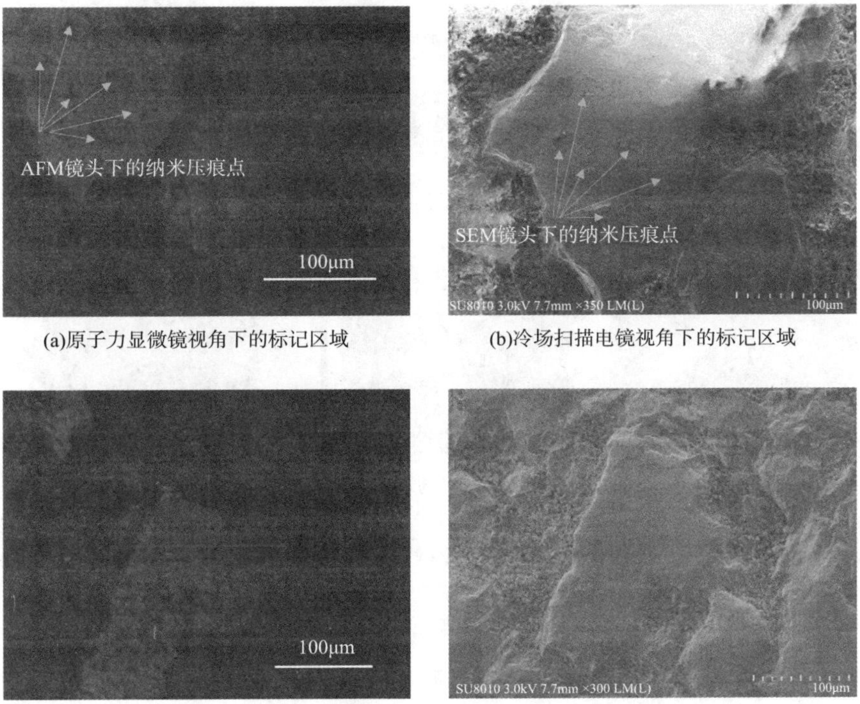

(a)原子力显微镜视角下的标记区域　(b)冷场扫描电镜视角下的标记区域

(c)原子力显微镜视角下的目的研究区域　(d)冷场扫描电镜视角下的目的研究区域

图 5 -7　致密砂岩不同位置的原子力显微镜和冷场扫描电镜对比

获取目的研究区域位置后，开展原子力显微镜和冷场扫描电镜实验，获得相关图像。图 5 -8 中原子力显微镜和冷场扫描电镜的图像对比表明，两种实验方法对致密砂岩同一样品同一区域的表面形貌观察取得了良好的一致性。首先使用冷场扫描电镜和原子力显微镜进行粗扫描。在二次电子扫描条件下，冷场扫描电镜的放大倍数为 2000 倍。原子力显微镜的扫描面积为 25μm × 25μm，样品/线性能为 128 个。冷场扫描电镜和原子力显微镜图像中存在两个易于识别的区域，标记为(1)和(2)的区域，冷场扫描电镜图像如图 5 -8(a)所示，2D - 原子力显微镜图像如图 5－8(b)所示，3D－原子力显微镜图像如图 5－8(c)所示。随后进行了冷场扫描电镜和原子力显微镜的精细扫描实验，其中冷场扫描电镜在二次电子扫描条件下的放大倍数为 5000 倍，原子力显微镜的扫描面积为 15μm × 15μm，样品/线性能为 512 个。图 5－8(d)为冷场扫描电镜图像，图 5－8(e)为 2D－原子力显微镜图像，图 5－8(f)为 3D－原子力显微镜图像。

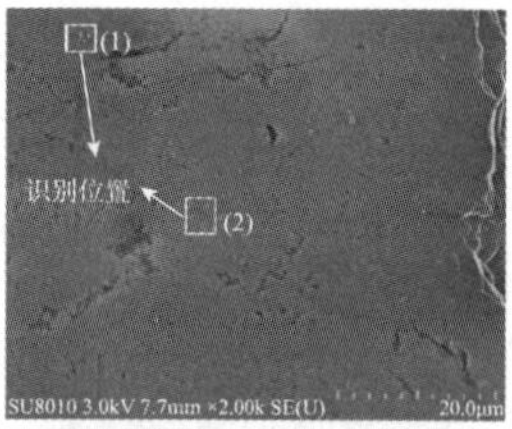

(a)大尺度冷场扫描电镜图像

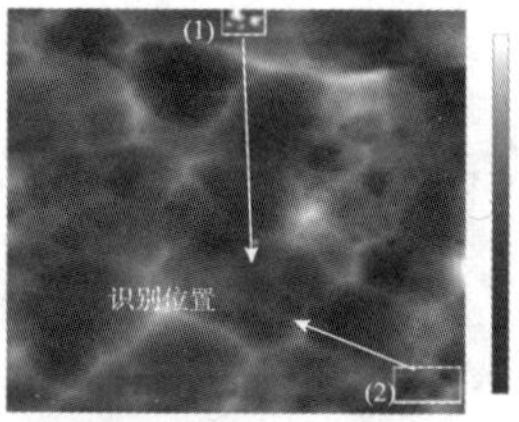

(b)25μm×25μm 的2D-原子力显微镜图像

(c)25μm×25μm的3D-原子力显微镜图像

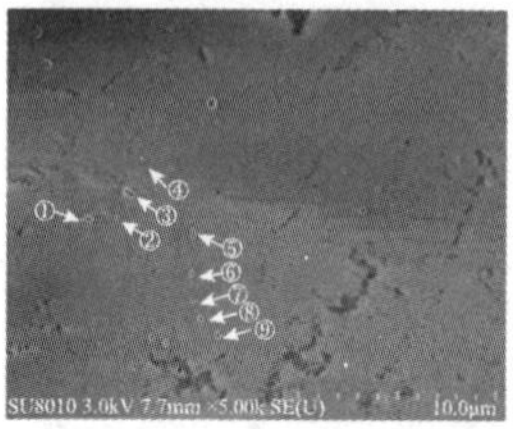

(d)大尺度冷场扫描电镜图像

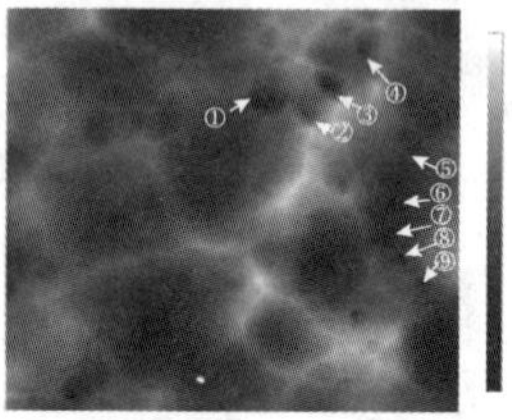
(e)15μm×15μm的2D-原子力显微镜图像

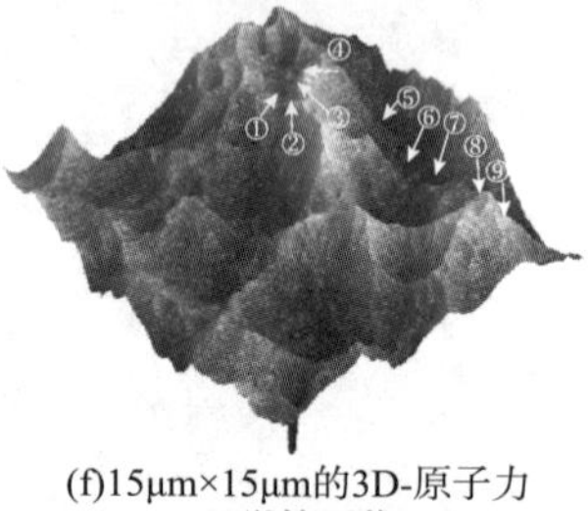
(f)15μm×15μm的3D-原子力显微镜图像

图 5－8　致密砂岩原子力显微镜和冷场扫描电镜图像对比

从图 5－8 中可以看出，冷场扫描电镜和原子力显微镜图像中存在两个易于识别的区域，标记为(1)和(2)。对比之下，可以观察到识别区域保持一致性。在冷场扫描电镜和原子力显微镜实验图像中标记若干个孔隙，这些孔隙均保持一致性。对比的一致性表明本研究方法实现了在致密砂岩上联合冷场扫描电镜和原子力显微镜来快速有效地观察致密砂岩同一样品同一扫描区域的表面形貌。

三、孔隙尺度对比分析

为了清晰地比较冷场扫描电镜和原子力显微镜在致密砂岩同一样品同一区域的表面形貌，我们对扫描图像开展了细微观察。通过冷场扫描电镜和原子力显微镜可以清晰地观察到致密砂岩同一样品同一区域的形貌特征，说明冷场扫描电镜和原子力显微镜在致密砂岩同一样品同一区域的扫描结果具有一致性。冷场扫描电镜和原子力显微镜选择的致密砂岩特定孔隙的表面形貌和孔隙尺度如图5-9所示。

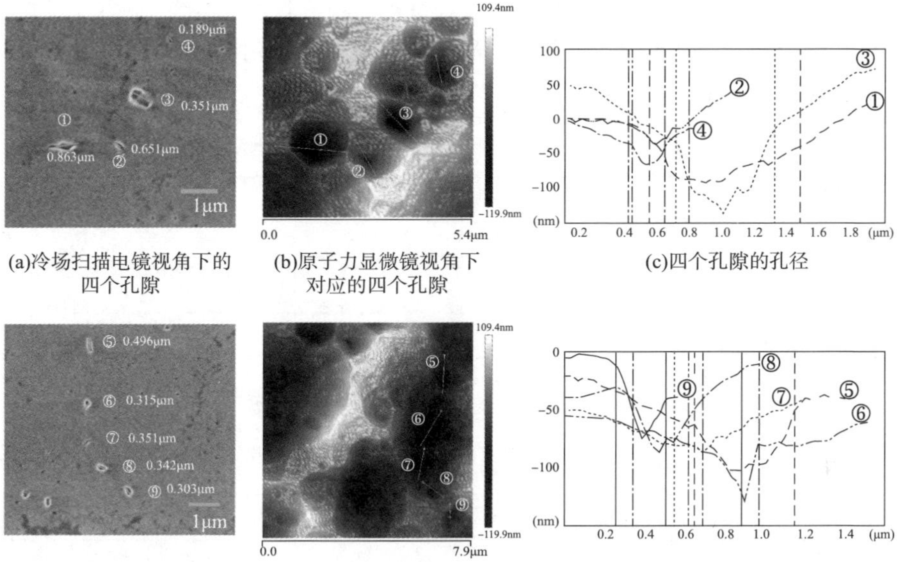

(a)冷场扫描电镜视角下的四个孔隙　(b)原子力显微镜视角下对应的四个孔隙　(c)四个孔隙的孔径

(d)冷场扫描电镜视角下的五个孔隙　(e)原子力显微镜视角下对应的五个孔隙　(f)五个孔隙的孔径

图5-9　冷场扫描电镜和原子力显微镜图像

从图5-9标出的致密砂岩孔隙表面形貌来看，①、②、⑤、⑥、⑦孔隙的表面形貌为狭缝状，③、⑧、⑨孔隙为椭圆形，④孔隙为圆形。这些孔隙表面形态符合致密砂岩孔隙的典型表面形态，具有近圆形或椭圆形的特征。

在致密砂岩孔隙结构方面，表面形貌和孔隙大小是描述孔隙结构重要的参数。除了利用冷场扫描电镜和原子力显微镜比较致密砂岩孔隙的表面形貌，我们还可以联合两种技术来探究致密砂岩的孔隙大小。图5-9为冷场扫描电镜测定的孔隙尺寸。所选孔隙中致密砂岩的孔径范围为0.189~0.863μm，平均为0.429μm。对于原子力显微镜计算的孔径，采用Nanoscope分析软件中的“section”函数。参数定义中，孔径用两个游标测量的水平距离表示，孔径结果如表5-2所示。由表5-2可知，原子力显微镜计算的孔径范围为0.205~0.914μm，平均值为0.434μm。因此，冷场扫描电镜和原子力显微镜测定致密砂岩孔隙的平均孔径为0.430μm，满足致密砂岩典型的亚微米级物理孔径。因此，从孔隙尺度角度来看，本方法实现了原子力显微镜和扫描电镜对致密砂岩同一样品同一区域的表面形貌观测目标。需要注意的是，由于冷场扫描电镜和原子力显微镜只能描述一个致密砂岩储层上非常微小的区域，因此需要开展更多的扫描过程。通过大量的扫描和统计方法，可以获得更准确的致密砂岩孔隙结构信息。因此，本研究解决了长期以来冷场扫描电镜和原子力显微镜描述的储层非均质性问题，可以将冷场扫描电镜和原子力显微镜相结合，实现对致密砂岩同一样品同一区域孔隙结构的观测。

表5－2　致密砂岩样品中标记孔隙的孔径结果

位置	CF-SEM 测量的长度/μm	AFM 测量的长度/μm
①	0.863	0.914
②	0.651	0.662
③	0.351	0.352
④	0.189	0.205
⑤	0.496	0.501
⑥	0.315	0.345
⑦	0.351	0.330
⑧	0.342	0.360
⑨	0.303	0.236
平均值	0.429	0.434

第3节　直流电场作用下的原子力显微镜原位表面形貌研究

上述建立的方法避免了致密砂岩储层的非均质性影响，具有简单、快速、高效的特点，在储层孔隙结构从纳米级到微米级(不仅限于致密砂岩，还可扩展到煤、页岩、碳酸盐等)的表征中具有很高的应用潜力。我们认为这是本研究的关键优势和创新之一。此外，原子力显微镜不仅可以对孔隙结构开展表征，同时在确定电性、表面性能、机械性能和表面力等方面也表现出潜在且突出的应用。最显著之处在于，本书建立的方法非常适合在各种外部刺激下对所有非均质材料(不限于储层)的孔隙结构和表面性质(电学、力学、表面力和粗糙度)的变化进行原位动态观察。这是因为本书中使用的技术(如纳米压痕、原子力显微镜和冷场扫描电镜)都是公认的无损技术。事实上，材料异质性的影响会导致实验过程中出现大量不可靠的实验结果，甚至当材料受到外部刺激时，由于无法实现原位观察(在该刺激处理前后)，实验结果在事实上存在不准确性。由于使用的技术(纳米压痕、原子力显微镜和冷场扫描电镜)都具有无损特性，因此，上述建立的同一样品同一区域原子力显微镜和扫描电镜联合方法非常适合对非均质材料的表面性质进行原位动态观察。同时，此方法的可扩展性和简单性使其对于非均质材料在不同刺激(光、pH、电场、热、低盐度水等)作用下迫切需要原位观测显示出巨大的潜在应用性。基于此，本节应用此方法实现了在直流电场作用前后致密砂岩同一样品同一区域原子力显微镜表面形貌的原位观察。

一、薄片原子力显微镜的表面形貌研究

自行设计了一套可以对致密砂岩薄片样品引入直流电场的设备，见图 5－10。使用纳米压痕技术设置一个标记区，并应用原子力显微镜观察同一样品同一区域在直流电场作用前后的表面形貌变化特征。具体的实验步骤如下：

(1)致密砂岩切片样品用盐水抽真空饱和(0.05mol/L NaCl)，抽真空时间和饱和时间均为 8h。

(2)将饱和后的薄片样品以 60℃烘干(12h)，此时的切片孔隙中含有氯化钠晶体。此种状态为直流电场作用前的初始状态。

(3)使用纳米压痕技术在致密砂岩样品上设置标记区。

(4)移动原子力显微镜附带的摄像头找到标记区域，记录并扫描目标研究区域位置的原子力显微镜图片，此原子力显微镜图片为未处理状态下的初始图像。

(5)使用相同盐水溶液再次饱和，将饱和后的切片放置在自主设计的设备中。施加直流电场强度为 20V，处理时间为 2h。

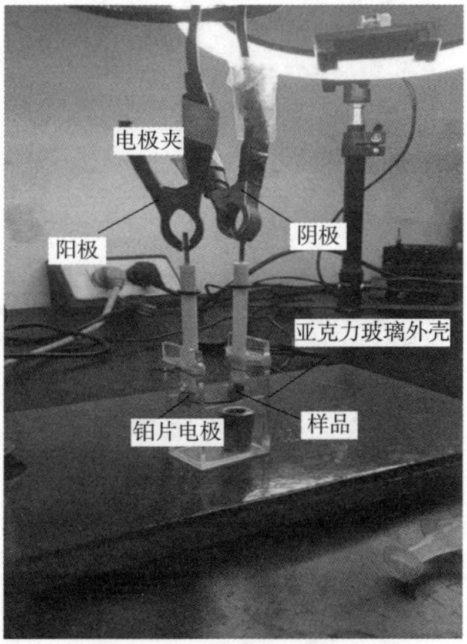

图 5－10　自主设计的可以对致密砂岩薄片样品引入直流电场的设备

(6)将经过直流电场作用后的切片再次烘干，此时为致密砂岩直流电场作用

后的状态。

(7)根据纳米压痕创建的标记位置，再次找到扫描位置，记录此时的原子力显微镜图片，此原子力显微镜图片为直流电场作用后的图像。

(8)分别记录致密砂岩阳极区域、中间区域和阴极区域的原子力显微镜图片。

(9)采用 NanoScope 分析软件对实验所得到的原子力显微镜图片进行进一步定量处理，并分析表面形貌、表面粗糙度、孔隙长度、孔隙宽度、孔隙深度等孔隙相关的参数信息。

二、阳极区域表面形貌研究

图 5－11 是在直流电场作用前后阳极区域同一样品同一区域的原子力显微镜扫描图像。从三维图像的高度差可以直观观察到直流电场作用后的致密砂岩表面

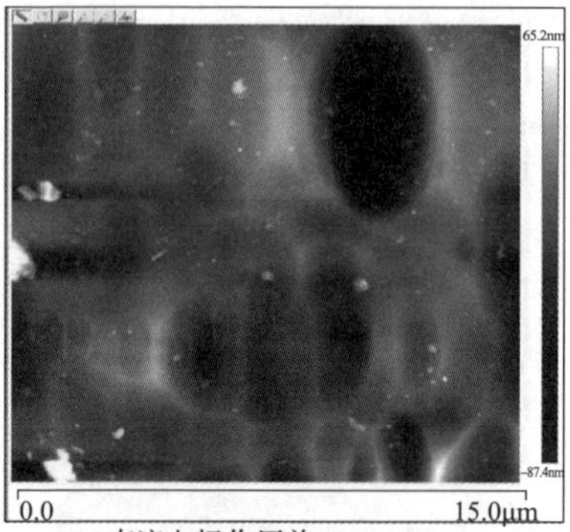

(a)直流电场作用前15μm×15μm
原子力显微镜二维图像

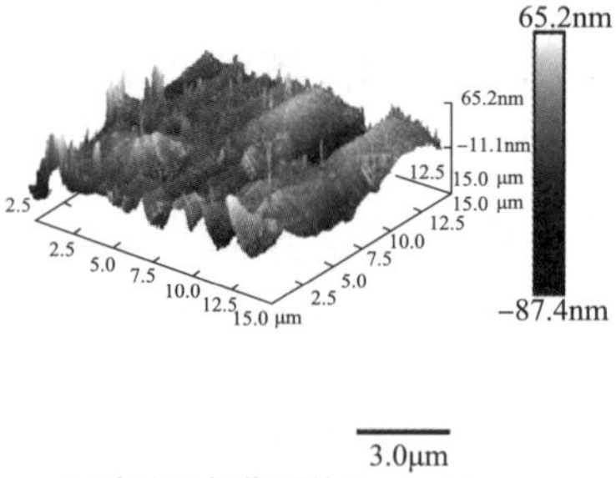

(b)直流电场作用前15μm×15μm
原子力显微镜三维图像

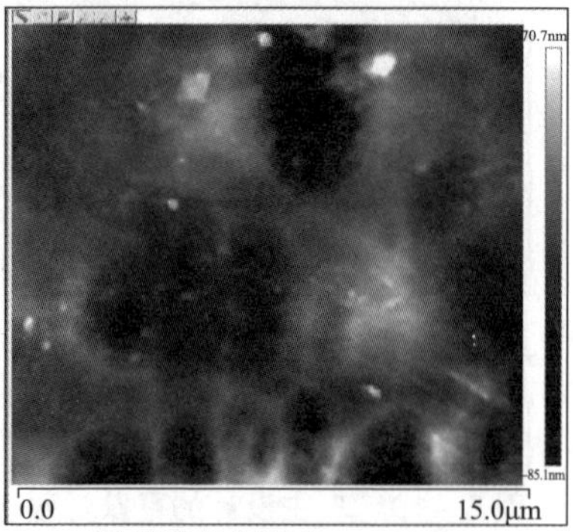

(c)直流电场作用后15μm×15μm
原子力显微镜二维图像

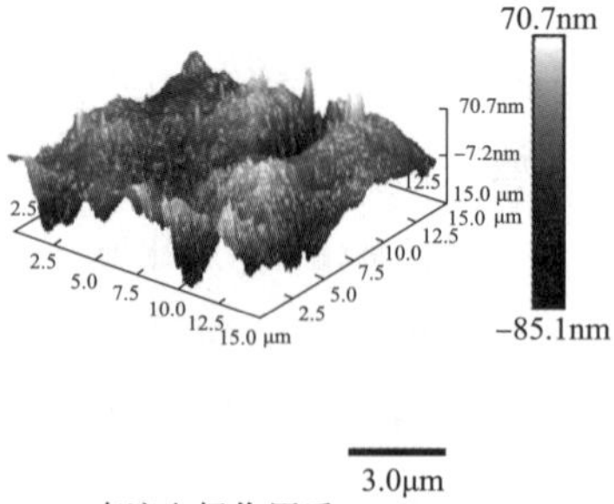

(d)直流电场作用后15μm×15μm
原子力显微镜三维图像

图 5－11　致密砂岩阳极区域在直流电场作用前后的原子力显微镜二维和三维图像
(深色区域代表致密砂岩表面的孔隙形态，白色的颗粒代表饱和溶液中的氯化钠颗粒)

仿佛更加粗糙。从数值上的精准角度分析，粗糙度存在两种不同的参数描述，包括通过高度偏差测量均方根平均值 R_q 和表面高度偏差的算术平均值 R_a。

相关文献表明，原子力显微镜扫描图像大小会影响粗糙度实验结果，为了准确定量表征直流电场作用下致密砂岩表面粗糙度的变化规律，选择同一样品同一区域不同的尺度大小测量致密砂岩粗糙度，所获取的原子力显微镜区域图像如图 5 - 12 所示。

致密砂岩的阳极区域在直流电场作用前后其表面粗糙度的计算结果如图 5 - 13 所示。

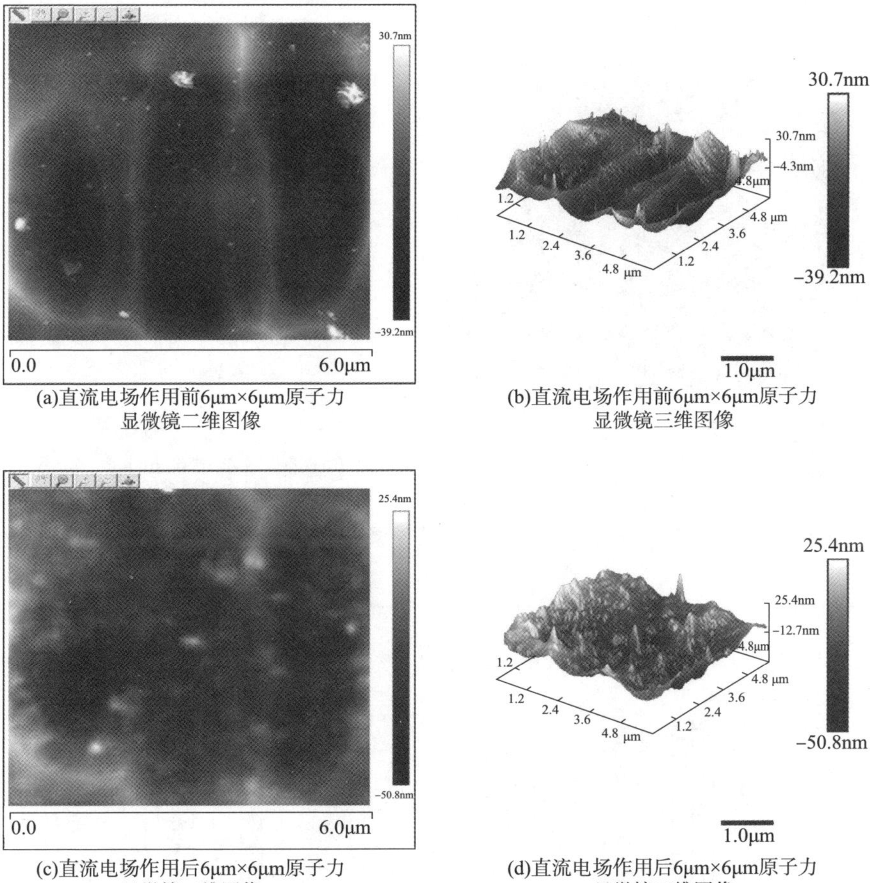

(a)直流电场作用前6μm×6μm原子力显微镜二维图像

(b)直流电场作用前6μm×6μm原子力显微镜三维图像

(c)直流电场作用后6μm×6μm原子力显微镜二维图像

(d)直流电场作用后6μm×6μm原子力显微镜三维图像

图 5 - 12　致密砂岩阳极区域不同尺度下的原子力显微镜二维和三维图像

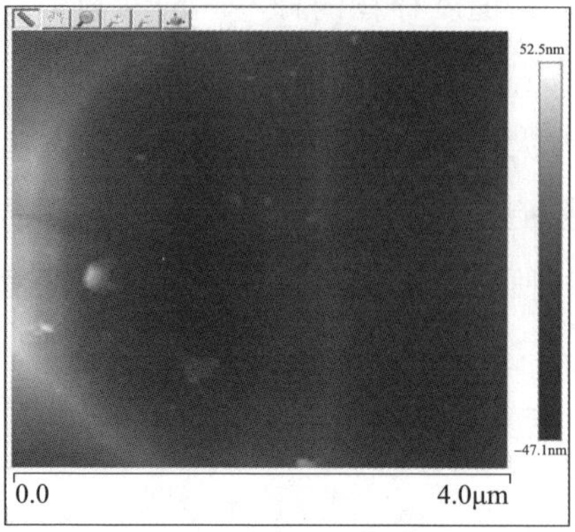

(e)直流电场作用前4μm×4μm原子力显微镜二维图像

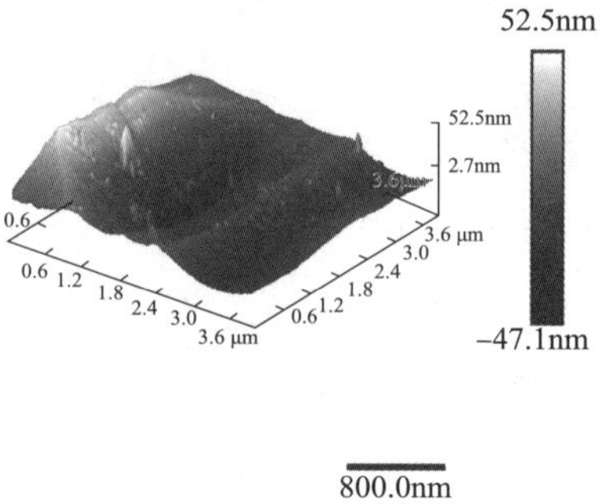

(f)直流电场作用前4μm×4μm原子力显微镜三维图像

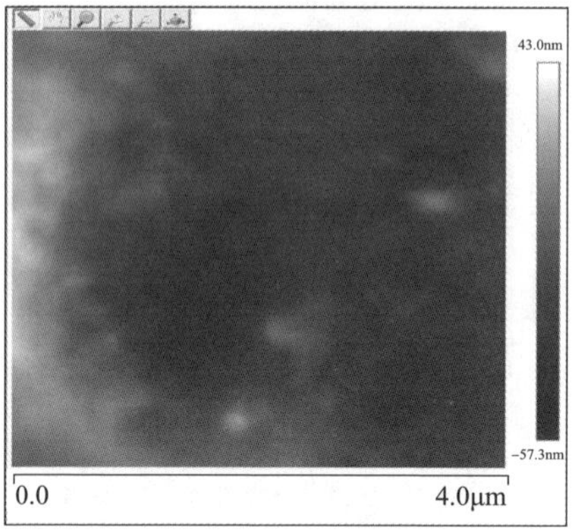

(g)直流电场作用后4μm×4μm原子力显微镜二维图像

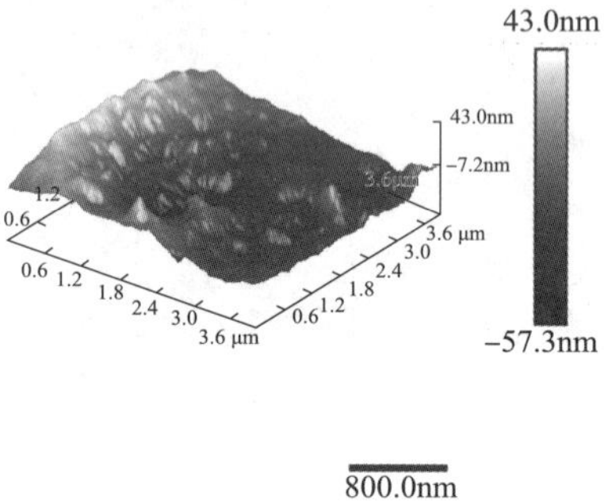

(h)直流电场作用后4μm×4μm原子力显微镜三维图像

图5－12 致密砂岩阳极区域不同尺度下的原子力显微镜二维和三维图像(续)

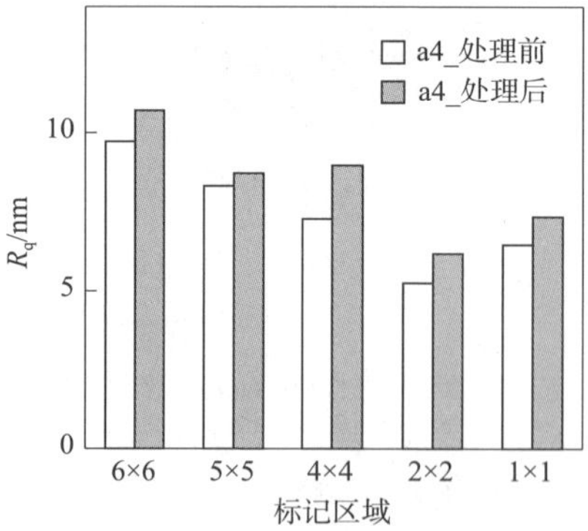

(a)R_q粗糙度计算结果

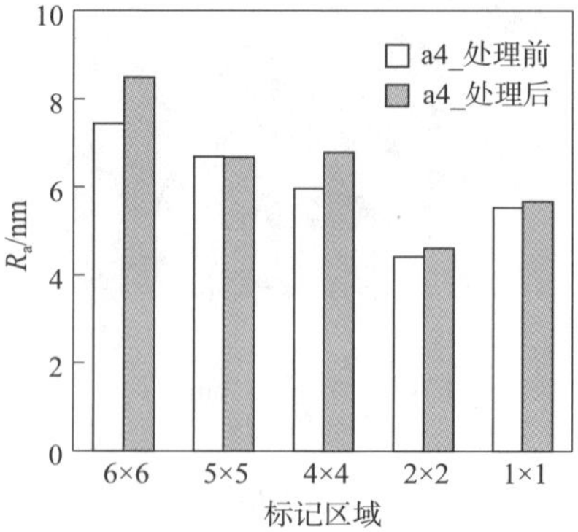

(b)R_a粗糙度计算结果

图5－13 致密砂岩阳极区域在直流电场作用前后的粗糙度对比结果

在图 5 – 13 中观察到，直流电场作用增加了致密砂岩表面的粗糙度。相关文献表明，粗糙度和孔隙参数密切相关。因此，需要分析相关的孔隙参数的变化特征来进一步揭示致密砂岩粗糙度的变化机理。

首先开展致密砂岩孔隙深度的计算。在直流电场作用前后同一样品同一区域选择若干孔隙，如图 5 – 14 所示。通过原子力显微镜的 Section 功能，获取孔隙深度的测量曲线，如图 5 – 15 所示。计算获取的孔隙深度的结果如图 5 – 16 所示。

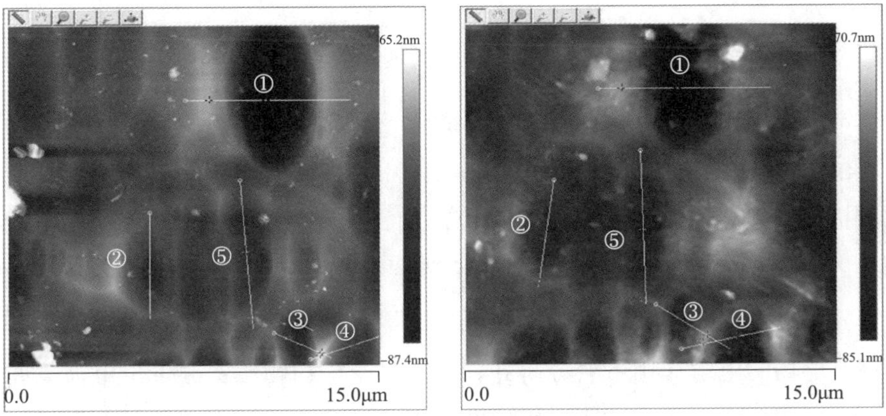

(a)直流电场作用前原子力显微镜的二维图像　　(b)直流电场作用后原子力显微镜的二维图像

图 5 – 14　选取的原子力显微镜图像

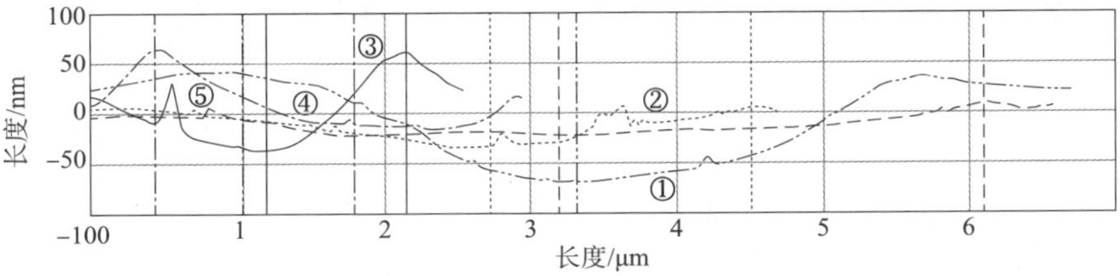

(a)基于直流电场作用前原子力显微镜的二维图像计算出的孔隙深度曲线

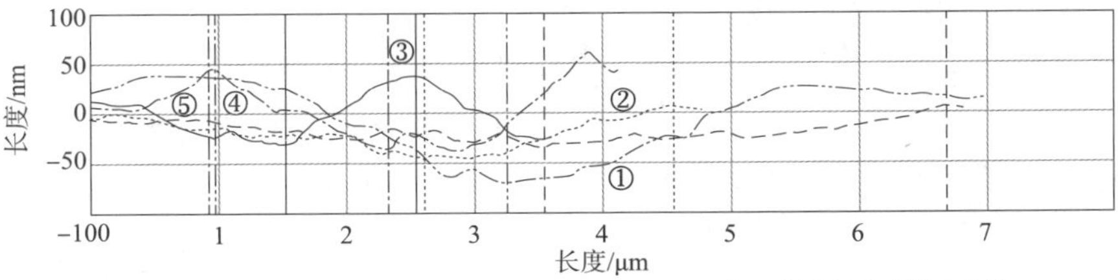

(b)基于直流电场作用后原子力显微镜的二维图像计算出的孔隙深度曲线

图 5 – 15　基于选取的原子力显微镜图像获取致密砂岩阳极区域孔隙深度曲线

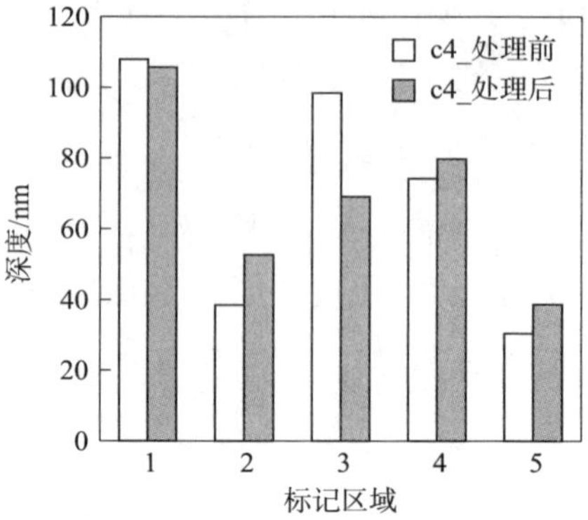

图 5 – 16 致密砂岩阳极区域孔隙深度在直流电场作用前后的对比

致密砂岩阳极区域的孔隙深度结果表明，在直流电场作用后，致密砂岩的孔隙深度呈现不一致的变化规律。直流电场作用下，电渗的冲击力导致更多的封闭孔隙被打开，引起更多的孔隙相互连接，发生孔隙融合现象，如图 5 – 12(a) 和图 5 – 12(c) 所示。在此种状态下，致密砂岩孔隙深度应该增加。然而在孔隙深度的实验结果中出现了部分孔隙深度减小的情况。经分析认为是储层中的黏土矿物在直流电场的电解作用下会分解并移动。黏土矿物颗粒普遍带负电荷，在电泳作用下，更多的黏土矿物从阴极区域向阳极区域移动并填充部分孔隙。因此，黏土矿物颗粒运移后堵塞孔隙是造成致密砂岩阳极区域部分孔隙深度减小的原因。

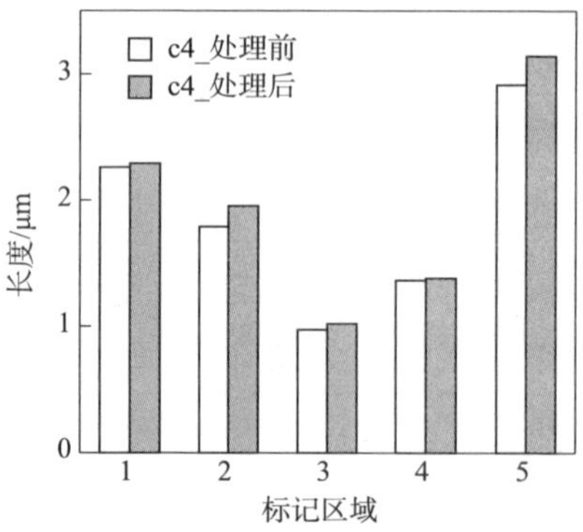

图 5 – 17 直流电场作用前后致密砂岩阳极区域同一样品的表面孔隙半径的对比

直流电场作用前后致密砂岩阳极区域同一样品的表面孔隙半径变化如图 5 – 17 所示。孔隙半径的计算结果表明，致密砂岩阳极区域孔隙尺度在直流电场的作用下增大。电渗冲击导致孔隙形态发生变化，孔隙的尺寸增大。直流电场作用下产生的电泳作用和电解作用导致更多的黏土矿物颗粒从阴极区域移动到阳极区域，填充了部分孔隙。实验结果显示，在直流电场的作用下致密砂岩阳极区域的孔隙尺度增大，说明黏土矿物主要填充阳极区域的孔隙深度。

综合分析致密砂岩阳极区域孔隙参数和粗糙度的关系。孔隙相关参数的变化改变了致密砂岩表面的粗糙度。电泳作用导致黏土矿物颗粒运移填充了致密砂岩阳极区域部分孔隙的深度。在电渗冲击力的作用下，更多的孔隙深度呈增加趋势。电渗的冲击引起孔隙尺度进一步增大。因此，阳极区域中孔隙深度和孔隙尺度的增加，导致致密砂岩的表面粗糙度增大。

三、中间区域表面形貌研究

相关文献表明，电解作用会导致致密砂岩不同区域的粗糙度变化不同。图 5－18是中间区域在直流电场作用前后同一样品同一区域的扫描图像。选择中间区域同一样品同一区域在不同尺度范围进行表面粗糙度变化特征分析，如图 5－19 所示。

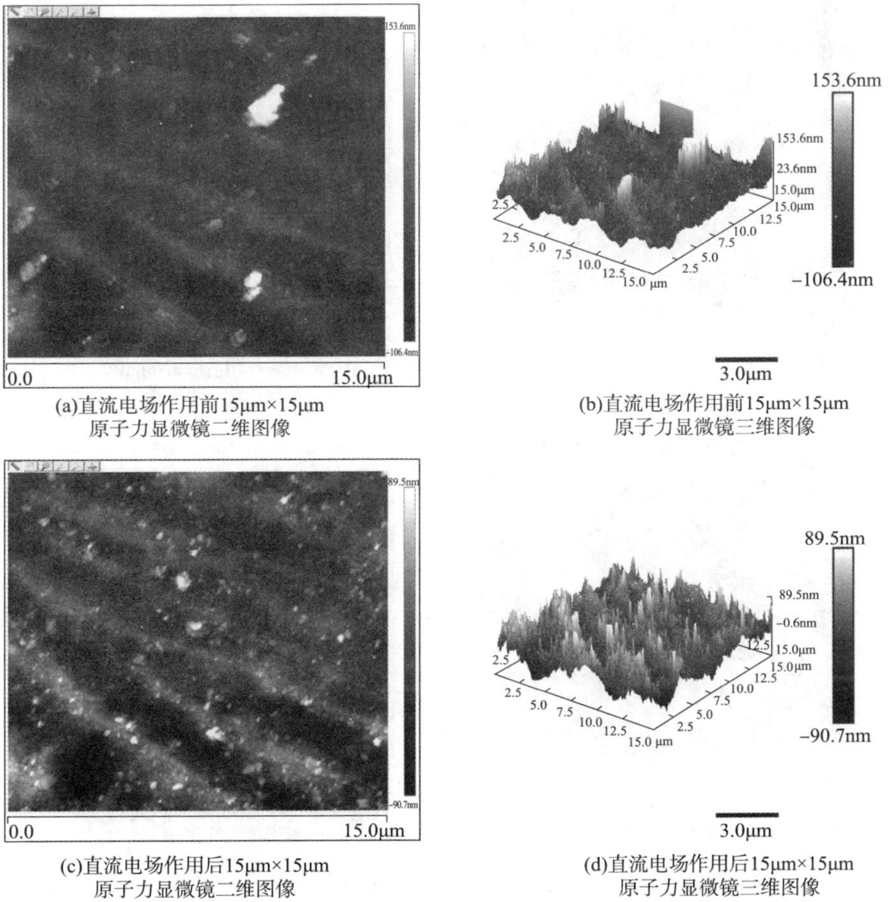

(a)直流电场作用前15μm×15μm原子力显微镜二维图像

(b)直流电场作用前15μm×15μm原子力显微镜三维图像

(c)直流电场作用后15μm×15μm原子力显微镜二维图像

(d)直流电场作用后15μm×15μm原子力显微镜三维图像

图 5－18　致密砂岩中间区域在直流电场作用前后的原子力显微镜二维和三维图像

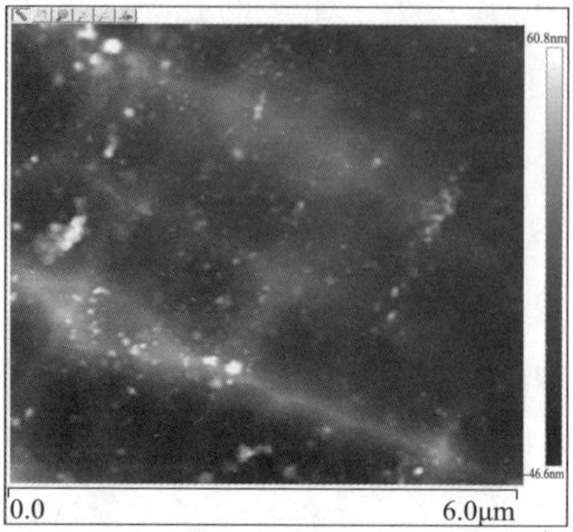

(a)直流电场作用前6μm×6μm原子力显微镜二维图像

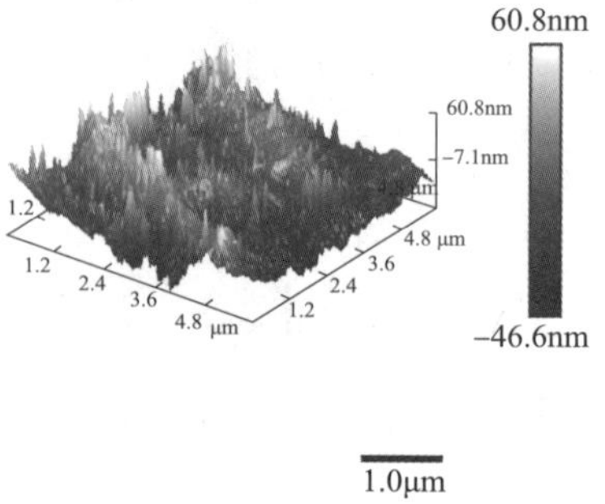

(b)直流电场作用前6μm×6μm原子力显微镜三维图像

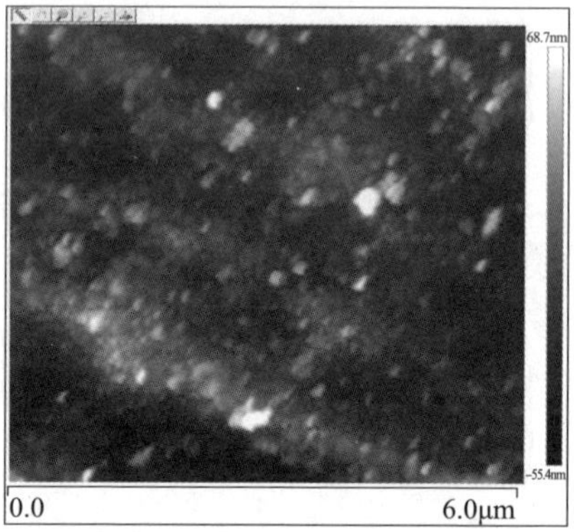

(c)直流电场作用后6μm×6μm原子力显微镜二维图像

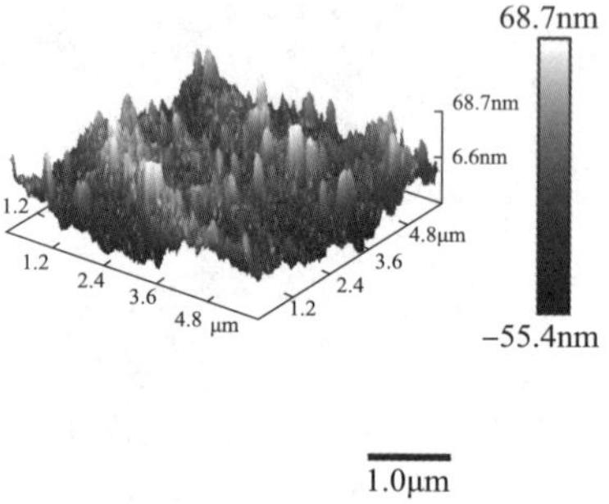

(d)直流电场作用后6μm×6μm原子力显微镜三维图像

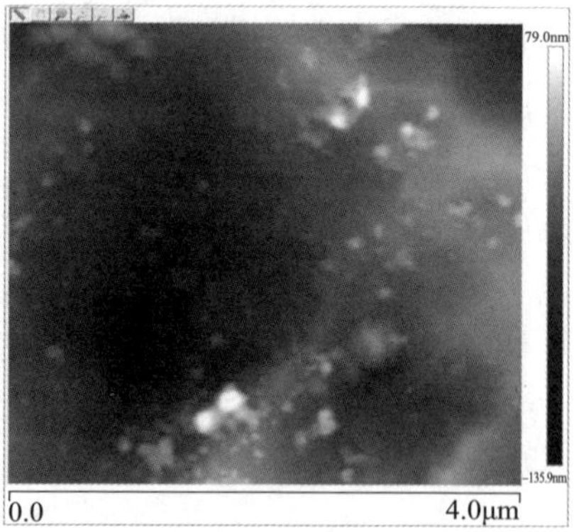

(e)直流电场作用前4μm×4μm原子力显微镜二维图像

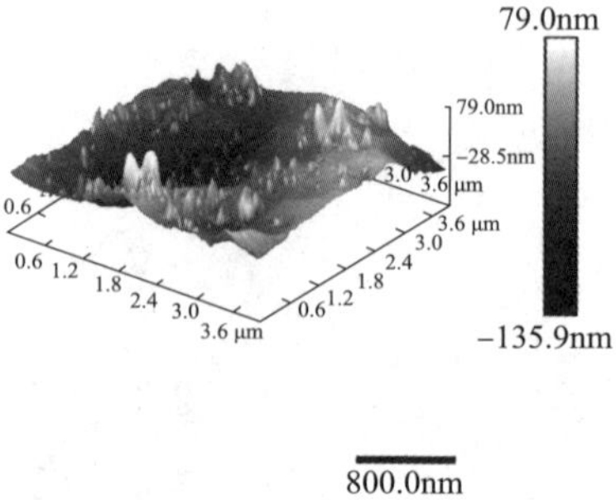

(f)直流电场作用前4μm×4μm原子力显微镜三维图像

图5-19　致密砂岩中间区域在不同尺度下的原子力显微镜二维和三维图像

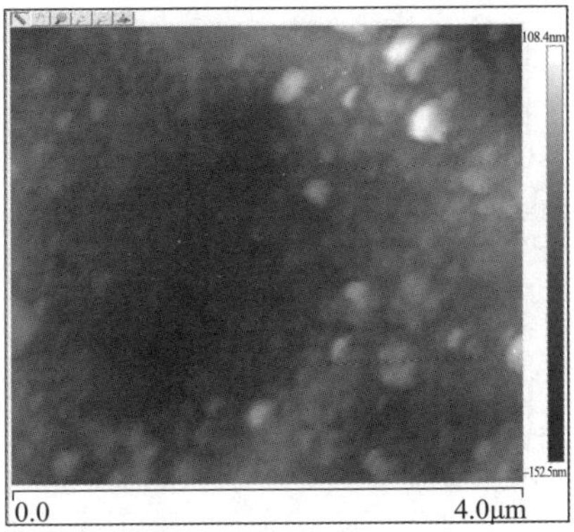

(g)直流电场作用后4μm×4μm原子力显微镜二维图像

(h)直流电场作用后4μm×4μm原子力显微镜三维图像

图 5-19　致密砂岩中间区域在不同尺度下的原子力显微镜二维和三维图像（续）

通过计算获取的粗糙度实验结果如图 5-20 所示。

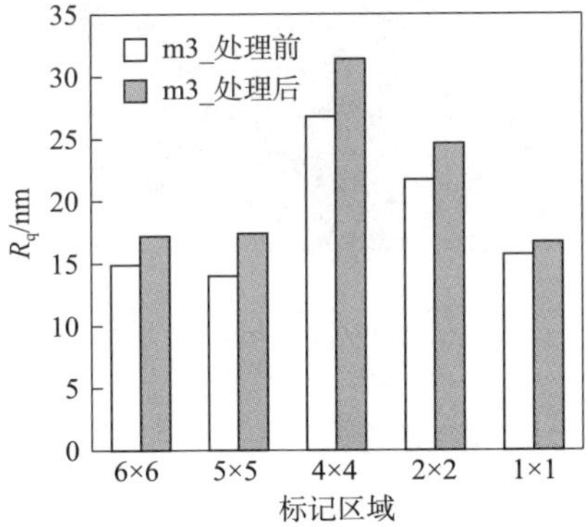

(a)R_q粗糙度计算结果

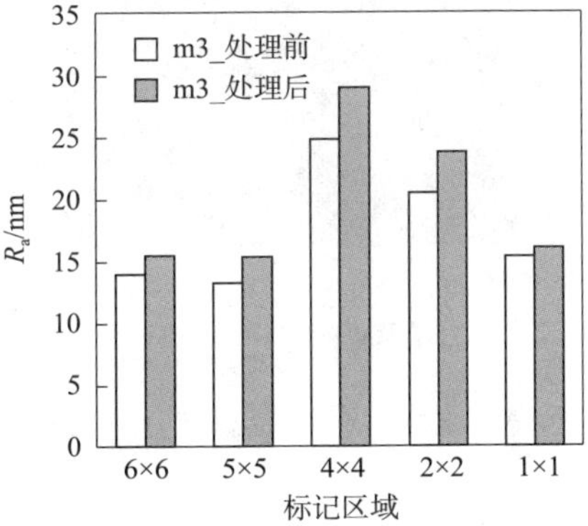

(b)R_a粗糙度计算结果

图 5-20　致密砂岩中间区域在直流电场作用前后的粗糙度对比结果

图 5-20 表明，中间区域致密砂岩表面的粗糙度在直流电场作用下呈现出增加的趋势，这符合前文不同样品不同区域直流电场作用下中间区域粗糙度增加的结论。

从中间区域原子力显微镜图像中选取若干孔隙（图 5-21）开展直流电场作用前后致密砂岩的孔隙深度变化分析，计算过程和计算结果如图 5-22 和图 5-23 所示。

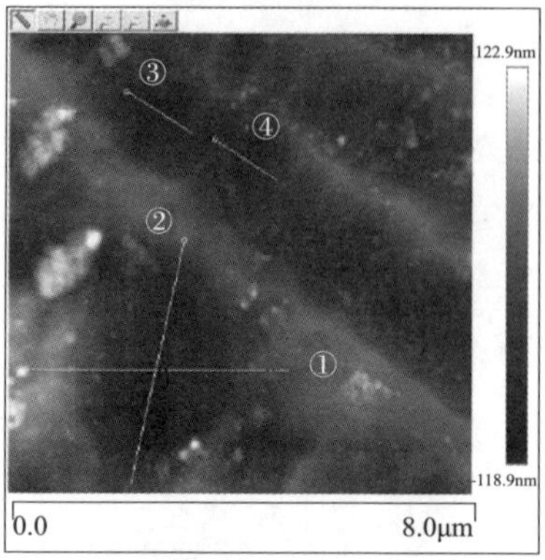

(a)直流电场作用前8μm×8μm原子力显微镜的二维图像

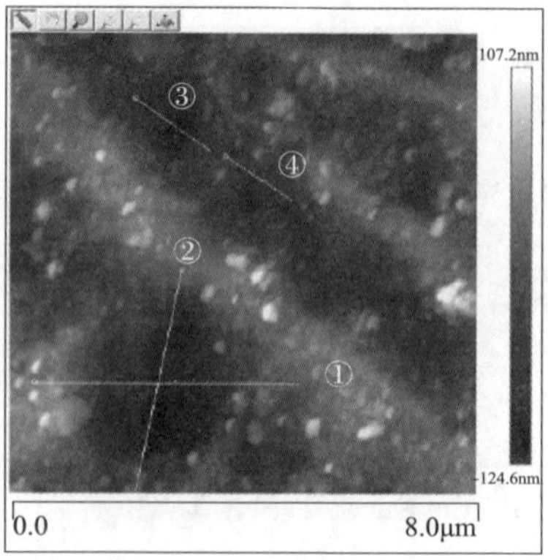

(b)直流电场作用后8μm×8μm原子力显微镜的二维图像

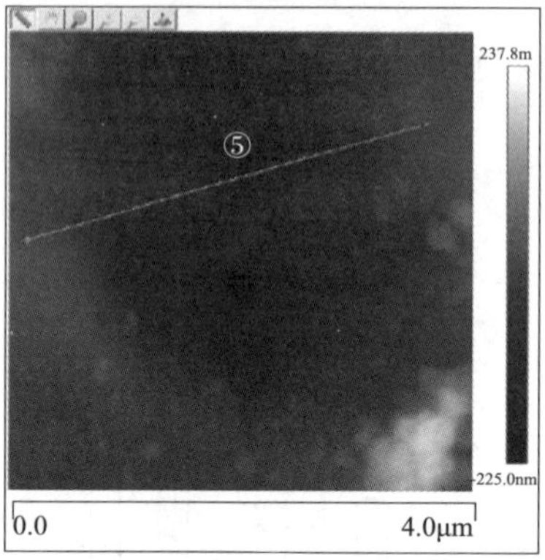

(c)直流电场作用前4μm×4μm原子力显微镜的二维图像

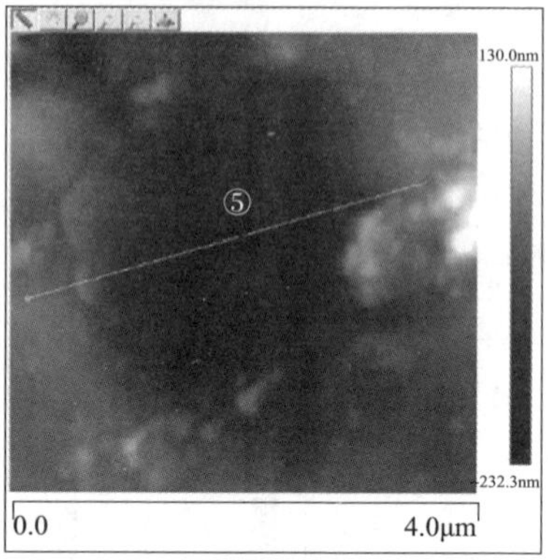

(d)直流电场作用后4μm×4μm原子力显微镜的二维图像

图 5－21　选取的原子力显微镜图像

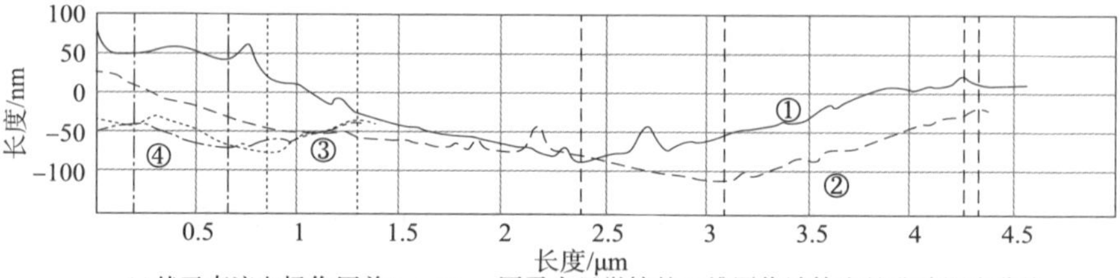

(a)基于直流电场作用前5μm×5μm原子力显微镜的二维图像计算出的孔隙深度曲线

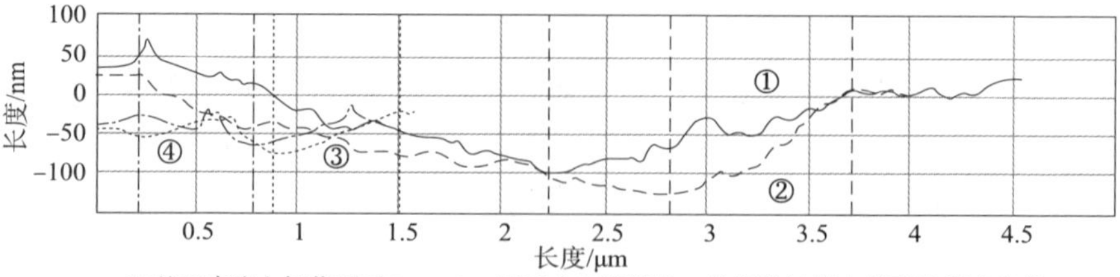

(b)基于直流电场作用后5μm×5μm原子力显微镜的二维图像计算出的孔隙深度曲线

图 5－22　基于选取的原子力显微镜图像获取致密砂岩中间区域孔隙深度曲线

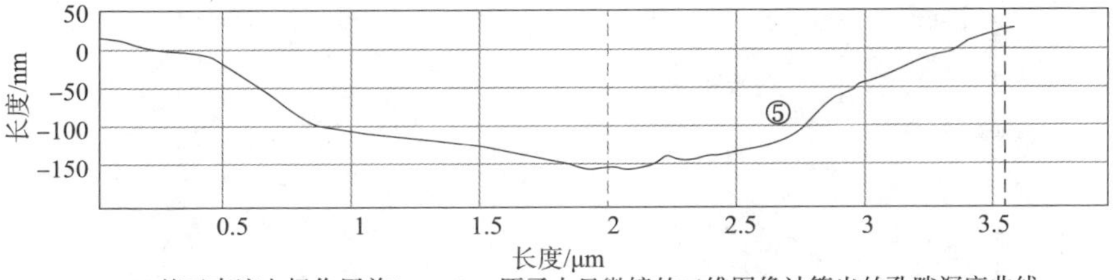

(c)基于直流电场作用前4μm×4μm原子力显微镜的二维图像计算出的孔隙深度曲线

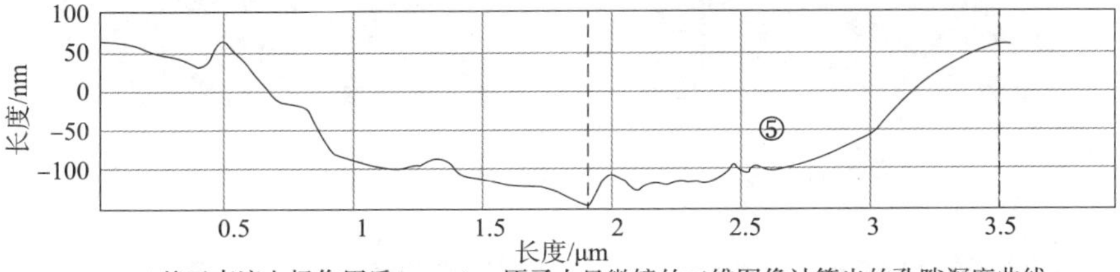

(d)基于直流电场作用后4μm×4μm原子力显微镜的二维图像计算出的孔隙深度曲线

图 5－22　基于选取的原子力显微镜图像获取致密砂岩中间区域孔隙深度曲线(续)

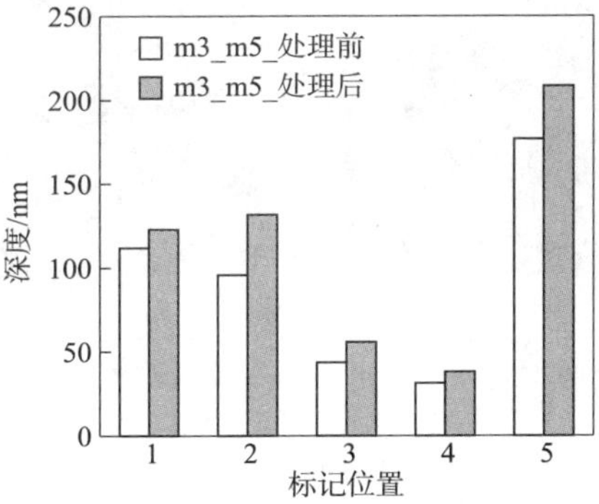

图 5－23　致密砂岩中间区域在直流电场作用前后的孔隙深度对比

致密砂岩中间区域孔隙深度的结果显示，在直流电场作用下，孔隙深度增加，这是由于电渗的冲击力导致的。同时，黏土矿物颗粒虽然从阴极区域移动并且经过中间区域，但是更多地聚集在阳极区域，导致黏土矿物颗粒在中间区域的填充效果并不明显。因此，致密砂岩中间区域的孔隙深度随着直流电场的引入会增加。

从中间区域原子力显微镜图像中选取若干孔隙(图 5－24)开展直流电场作用前后致密砂岩的孔隙长度变化分析，计算过程和计算结果如图 5－25 和图 5－26 所示。

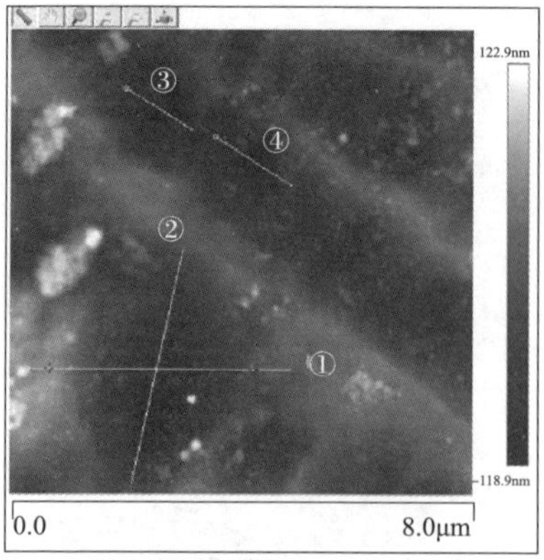

(a)直流电场作用前8μm×8μm原子力显微镜的二维图像

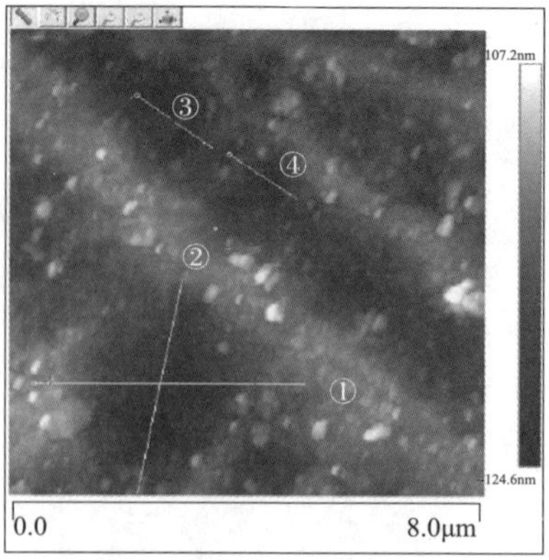

(b)直流电场作用后8μm×8μm原子力显微镜的二维图像

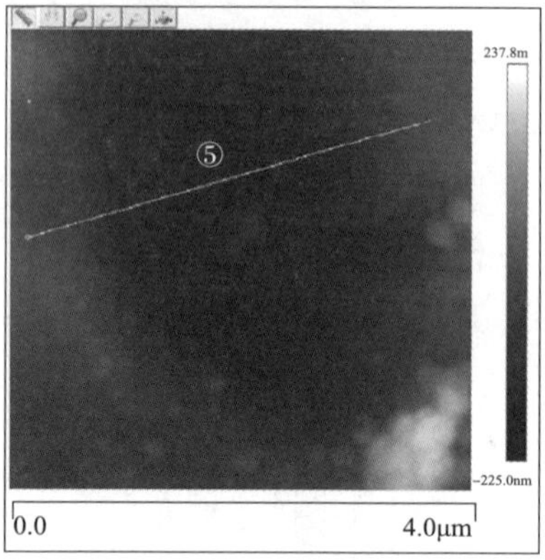

(c)直流电场作用前4μm×4μm原子力显微镜的二维图像

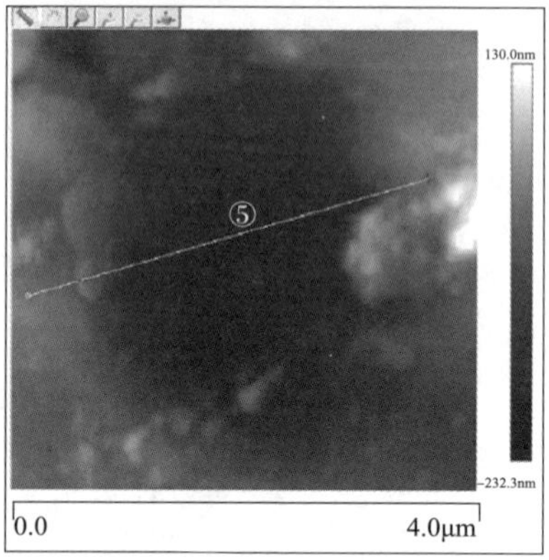

(d)直流电场作用后4μm×4μm原子力显微镜的二维图像

图 5-24　选取的原子力显微镜图像

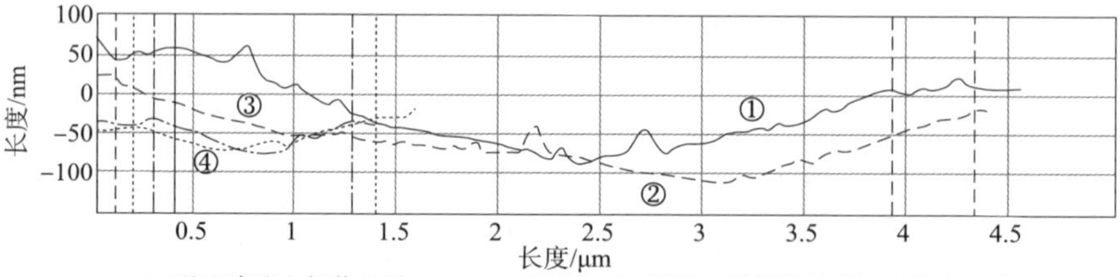

(a)基于直流电场作用前5μm×5μm原子力显微镜的二维图像计算出的孔隙长度

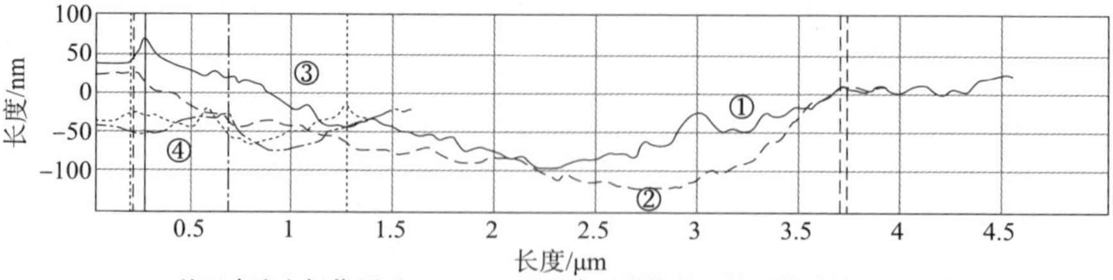

(b)基于直流电场作用后5μm×5μm原子力显微镜的二维图像计算出的孔隙长度

图 5-25　致密砂岩中间区域孔隙长度计算过程

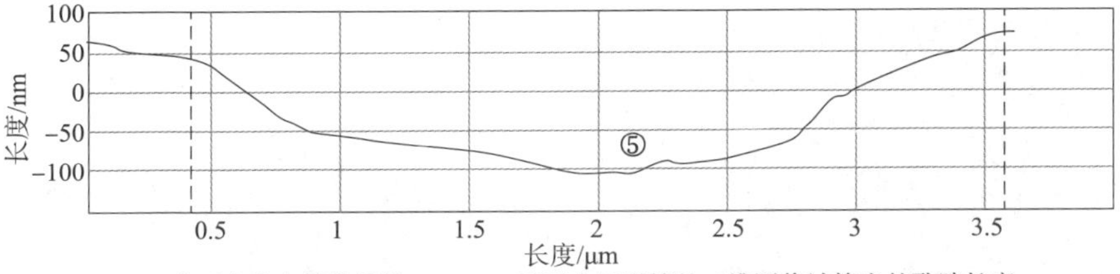

(c)基于直流电场作用前4μm×4μm原子力显微镜的二维图像计算出的孔隙长度

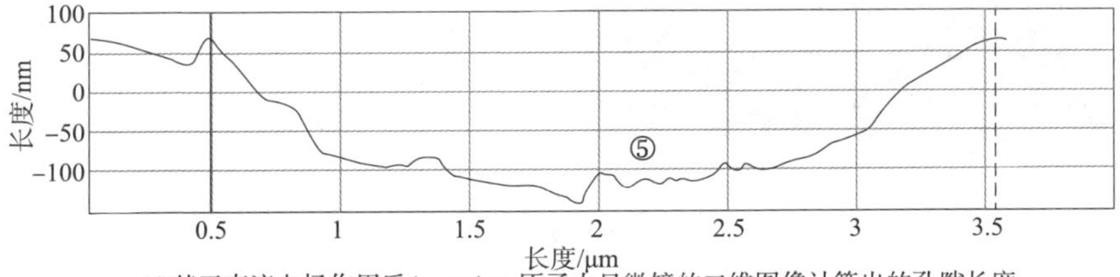

(d)基于直流电场作用后4μm×4μm原子力显微镜的二维图像计算出的孔隙长度

图 5－25　致密砂岩中间区域孔隙长度计算过程(续)

从图 5－26 中可以看出，致密砂岩中间区域的孔隙尺度随着直流电场作用的引入呈现出下降的趋势。这主要是由于致密砂岩中黏土矿物颗粒填埋了部分孔隙周边，孔隙尺度在直流电场作用下相比未处理状态的孔隙尺度下降。从原子力显微镜中间区域的扫描图像(图 5－21)表面可以观察到，在直流电场作用下，存在更多的氯化钠晶体以及黏土矿物的附着。分析孔隙尺度在中间区域和阳极区域的差异性。考虑到电解作用，更多的酸性环境出现在阳极区域中。对于中间区域，由于缺乏溶蚀黏土矿物颗粒的酸性环境，导致部分颗粒填充在孔隙的周围，从而降低了孔隙尺度。

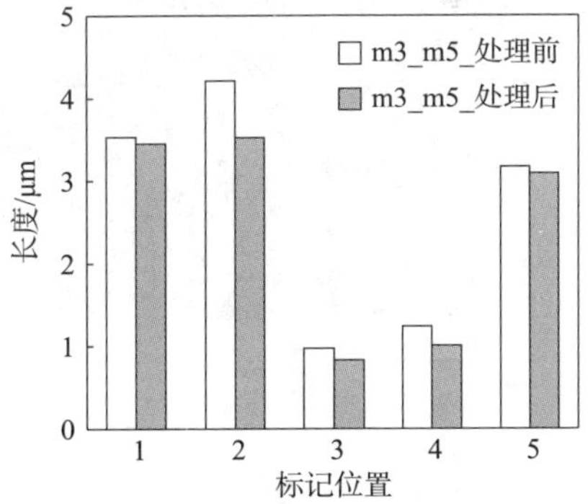

图 5－26　致密砂岩中间区域在直流电场作用前后的孔隙长度对比

四、阴极区域表面形貌研究

致密砂岩阴极区域在直流电场作用前后同一样品同一区域的原子力显微镜扫描图像如图 5－27 所示。选择致密砂岩阴极区域中同一样品同一区域不同的尺度范围进行表面粗糙度的变化特征分析，选择图形如图 5－28 所示。

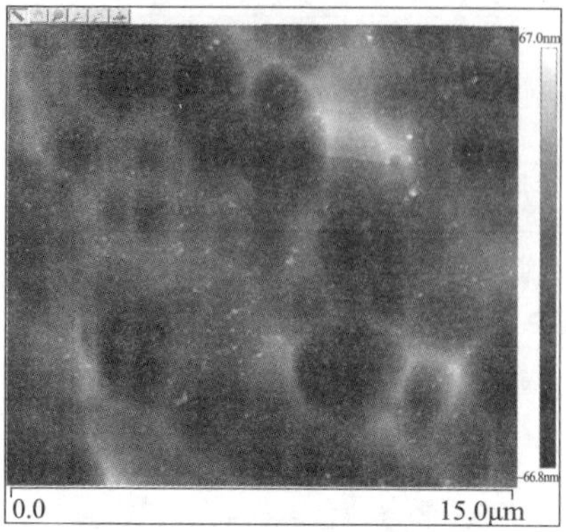

(a)直流电场作用前15μm×15μm原子力显微镜二维图像

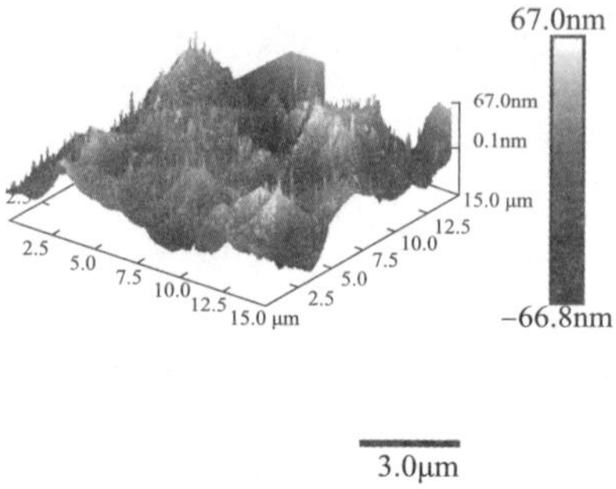

(b)直流电场作用前15μm×15μm原子力显微镜三维图像

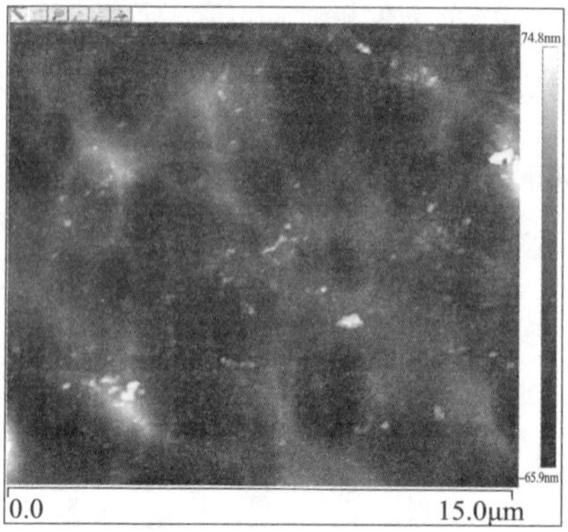

(c)直流电场作用后15μm×15μm原子力显微镜的二维图像

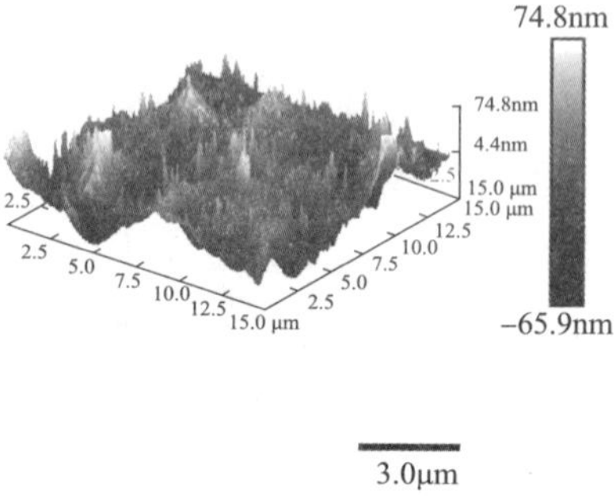

(d)直流电场作用后15μm×15μm原子力显微镜的三维图像

图 5-27　致密砂岩阴极区域在直流电场作用前后的原子力显微镜二维和三维图像

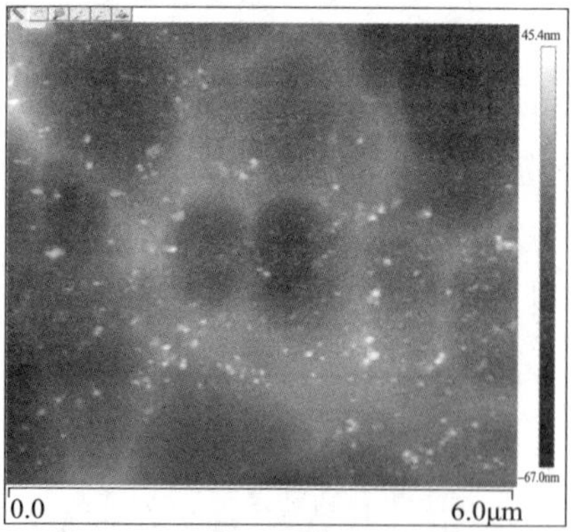

(a)直流电场作用前6μm×6μm原子力显微镜的二维图像

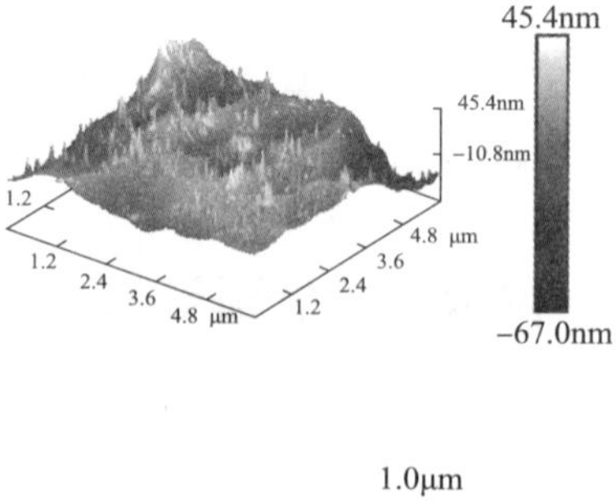

(b)直流电场作用前6μm×6μm原子力显微镜的三维图像

图 5-28　致密砂岩阴极区域在不同尺度下的原子力显微镜二维和三维图像

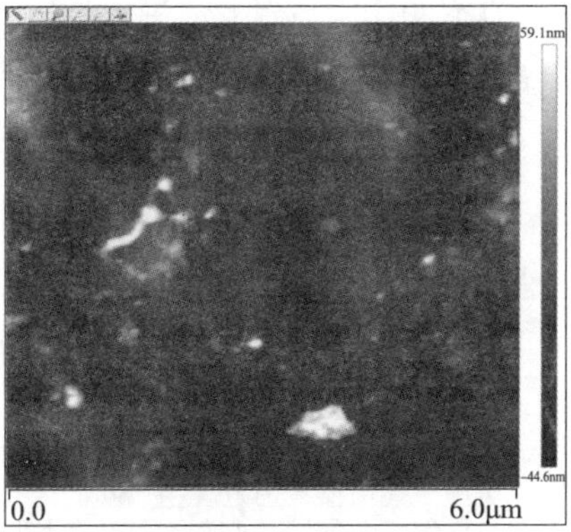

(c)直流电场作用后6μm×6μm原子力显微镜的二维图像

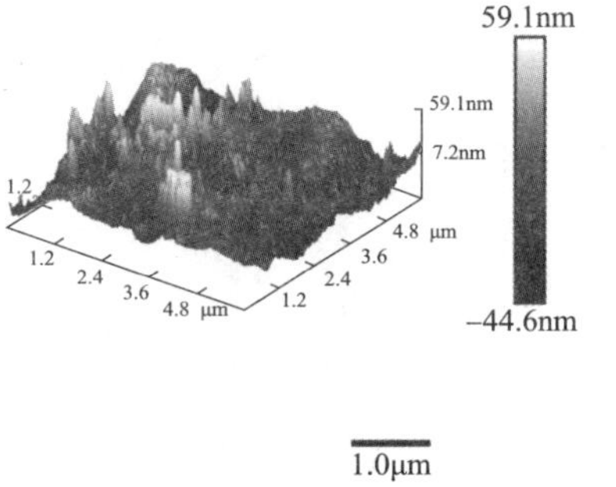

(d)直流电场作用后6μm×6μm原子力显微镜的三维图像

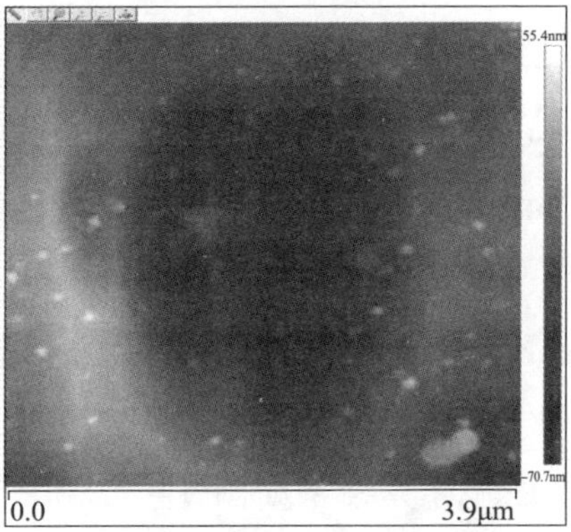

(e)直流电场作用前4μm×4μm原子力显微镜的二维图像

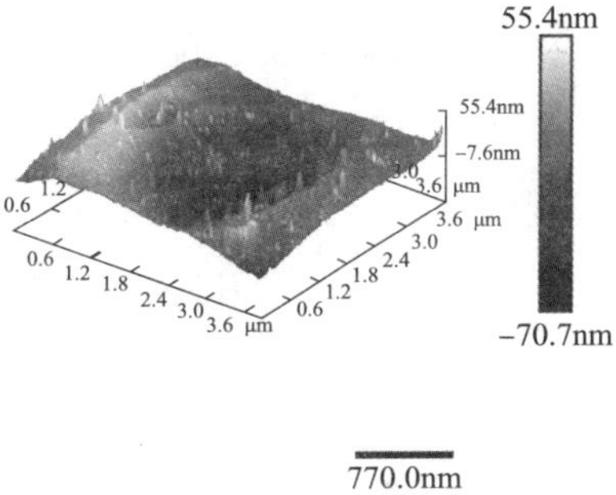

(f)直流电场作用前4μm×4μm原子力显微镜的三维图像

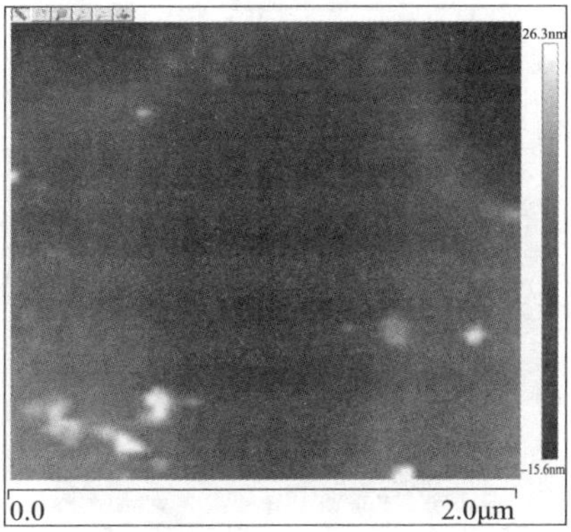

(g)直流电场作用后2μm×2μm原子力显微镜的二维图像

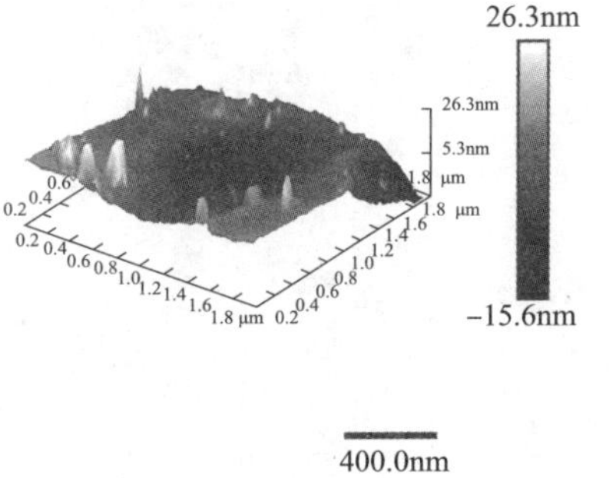

(h)直流电场作用后2μm×2μm原子力显微镜的三维图像

图5-28　致密砂岩阴极区域在不同尺度下的原子力显微镜二维和三维图像(续)

计算获得的致密砂岩中间区域的粗糙度结果如图 5－29 所示。

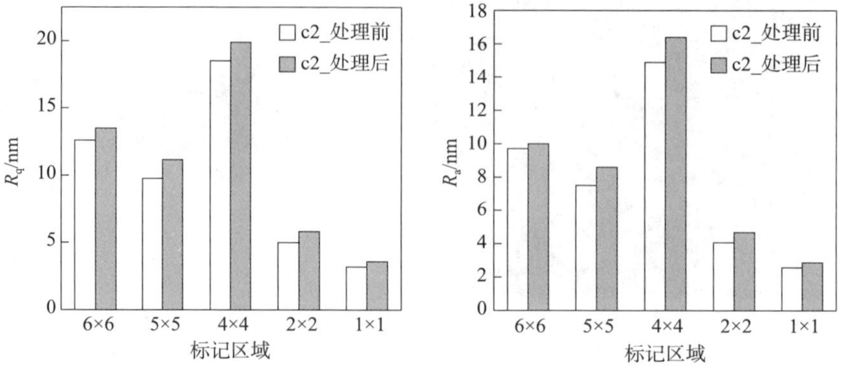

(a)R_q粗糙度计算结果　　(b)R_a粗糙度计算结果

图 5－29　致密砂岩阴极区域在直流电场作用前后的粗糙度对比结果

表面粗糙度结果表明，随着直流电场的引入，致密砂岩阴极区域的表面粗糙度呈现出增加的趋势，这同样符合前文不同样品不同区域在直流电场作用下阴极区域粗糙度增加的结论。

分析阴极区域相关的孔隙参数变化特征来揭示致密砂岩粗糙度的变化机理。首先通过计算明确致密砂岩孔隙深度的变化规律。在原子力显微镜图像中选取若干孔隙，见图 5－30。孔隙深度的计算过程和计算结果如图 5－31 和图 5－32 所示。

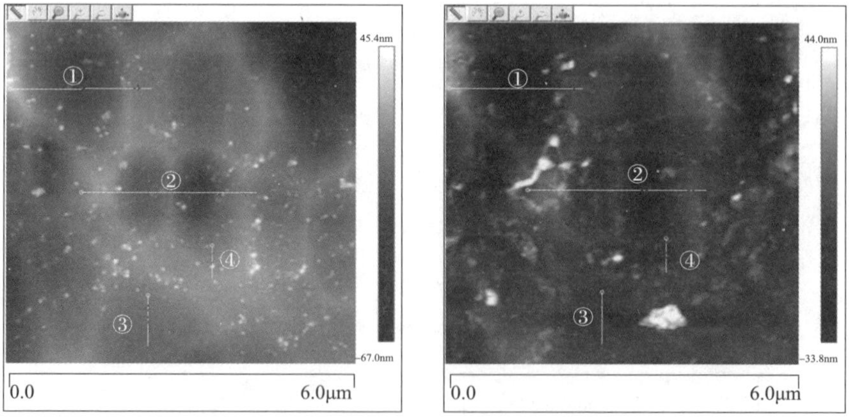

(a)直流电场作用前原子力显微镜的二维图像　　(b)直流电场作用后原子力显微镜的二维图像

图 5－30　选取的原子力显微镜图像

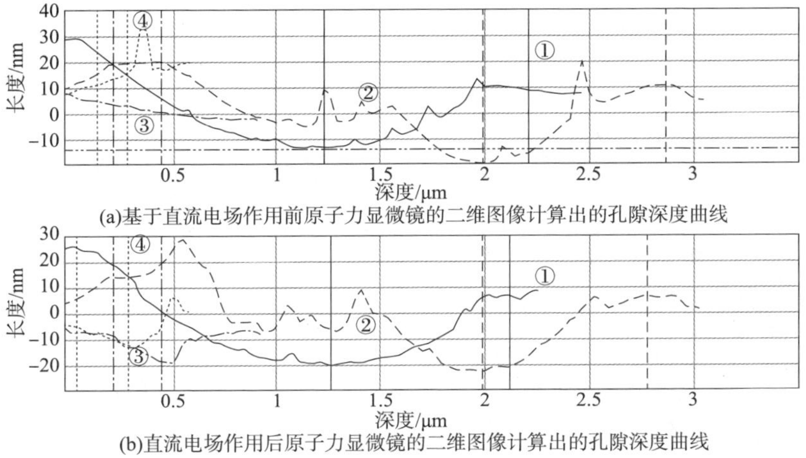

图5－31　基于选取的原子力显微镜图像获取致密砂岩阴极区域孔隙深度曲线

在直流电场作用下，阴极区域的孔隙深度增加。这是由于电渗的冲击力会导致孔隙深度增加。同时，黏土矿物颗粒从阴极区域移动并聚集在阳极区域，造成阴极区域的黏土矿物颗粒被剥离，进一步导致孔隙深度增加。

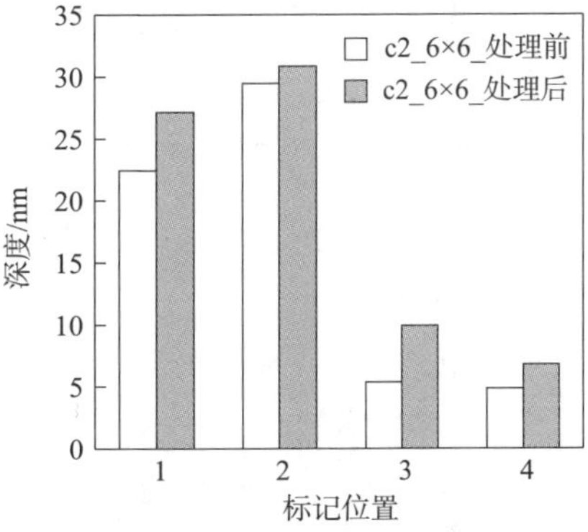

图5－32　致密砂岩阴极区域在直流电场作用前后的孔隙深度对比

选取相关孔隙(图5－33)来分析在直流电场作用下致密砂岩阴极区域表面孔隙尺度的变化特征。计算过程和计算结果如图5－34和图5－35所示。

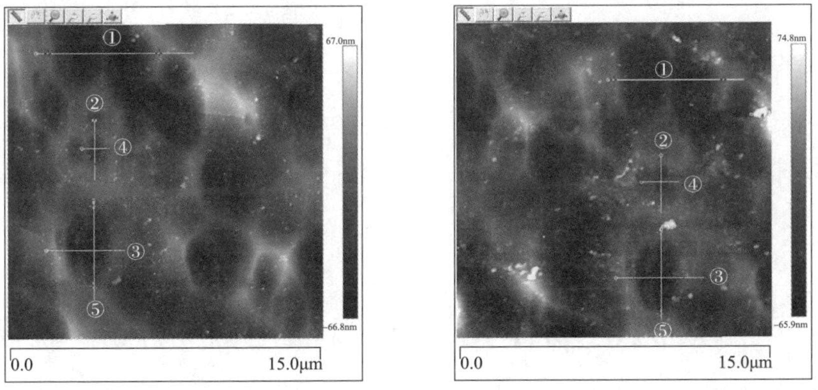

(a)直流电场作用前原子力显微镜的二维图像　　(b)直流电场作用后原子力显微镜的二维图像

图5－33　选取的原子力显微镜图像

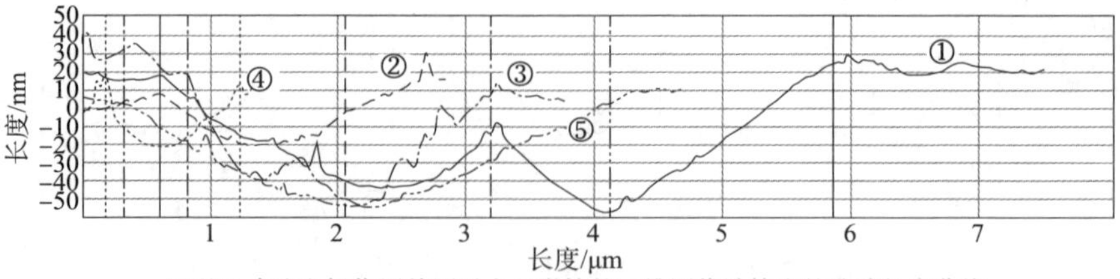

(a)基于直流电场作用前原子力显微镜的二维图像计算出的孔隙长度曲线

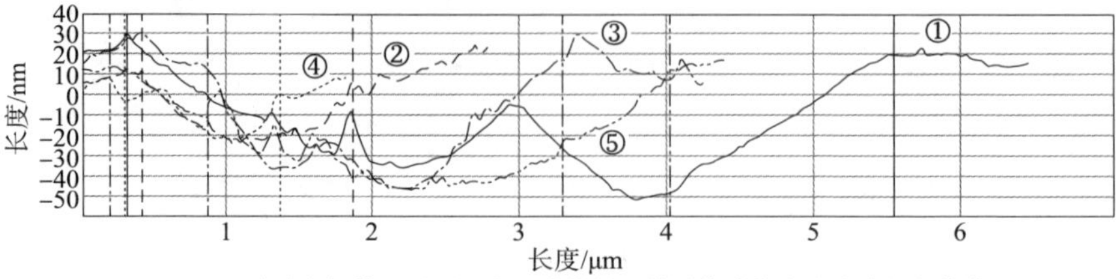

(b)基于直流电场作用后原子力显微镜的二维图像计算出的孔隙长度曲线

图 5－34　基于选取的原子力显微镜图像获取致密砂岩阴极区域孔隙长度曲线

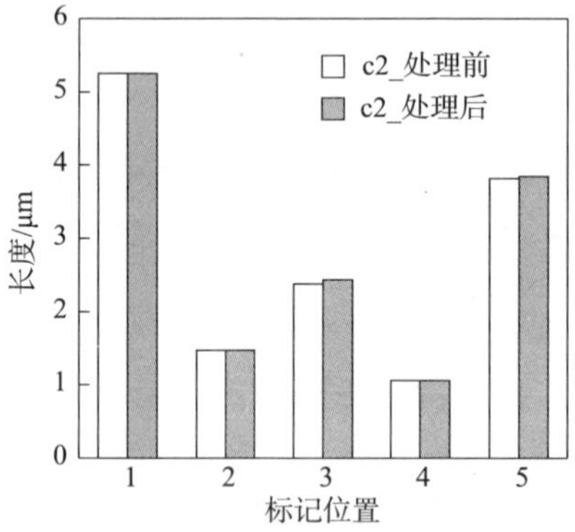

图 5－35　致密砂岩阴极区域在直流电场作用前后的孔隙长度对比

从图 5－35 中可以看出，致密砂岩阴极区域计算出的孔隙尺度随着直流电场的引入呈现略微增加的趋势。说明直流电场作用几乎未改变致密砂岩阴极区域颗粒内的孔隙尺度。结合阴极区域孔隙深度的变化，说明电渗冲击在致密砂岩中阴极区域、主要增加孔隙深度参数，并不足以引起孔隙尺度的剧烈变化。同时从图 5－30 和图 5－33 中观察到少量微裂缝的产生。结合电泳作用进行分析，黏土矿物颗粒在从阴极区域拖拽到阳极区域的过程中，会产生部分微裂缝。

对比致密砂岩的阳极区域和阴极区域进行分析，在阳极区域直流电场作用主要引起孔隙尺度和孔隙深度的增加，而在阴极区域直流电场作用主要引起孔隙深度的增加以及部分微裂缝的产生。

第 4 节　直流电场作用下的扫描电镜原位形貌研究

如前所述，原子力显微镜探测的是致密砂岩颗粒内的表面形貌，对于颗粒间的孔隙以及微裂缝无法探测。因此，本节采用冷场扫描电镜来开展致密砂岩中间区域同一样品同一区域的表面形貌原位观察实验，用以完善致密砂岩在直流电场作用下的表面形貌变化特征研究。

需要说明的是，在实际操作过程中，圆形致密砂岩薄片的中心作为中间区域，较阳极区域和阴极区域更容易被搜索。即使致密砂岩阳极区域和阴极区域存在纳米压痕标记点，由于颗粒的基本轮廓相比整个电镜的视角完全被淹没，需要花费大量时间和精力搜寻。由于研究时间有限，因此，本节所呈现的是致密砂岩的中间区域在直流电场作用前后同一样品同一区域的表面形貌原位观察结果。

一、薄片扫描电镜的表面形貌研究

致密砂岩岩心薄片扫描电镜表面形貌的具体实验步骤参考本章第 3 节。中间区域在直流电场作用前后同一样品同一区域的表面形貌原位观察结果如图 5 – 36 所示。

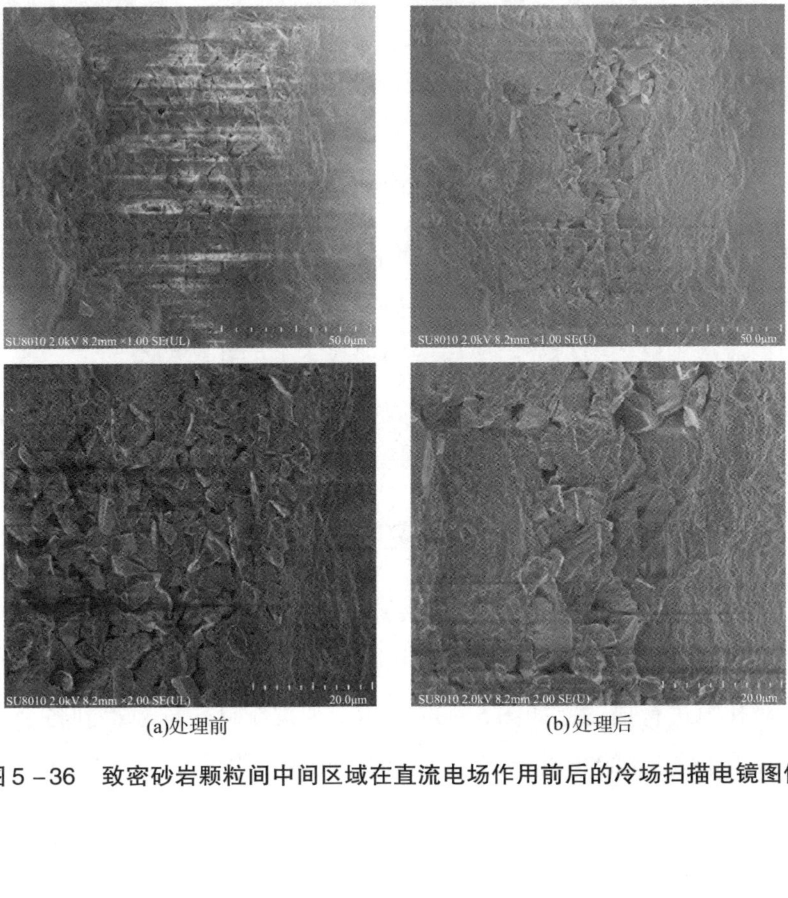

(a)处理前　　(b)处理后

图 5 – 36　致密砂岩颗粒间中间区域在直流电场作用前后的冷场扫描电镜图像

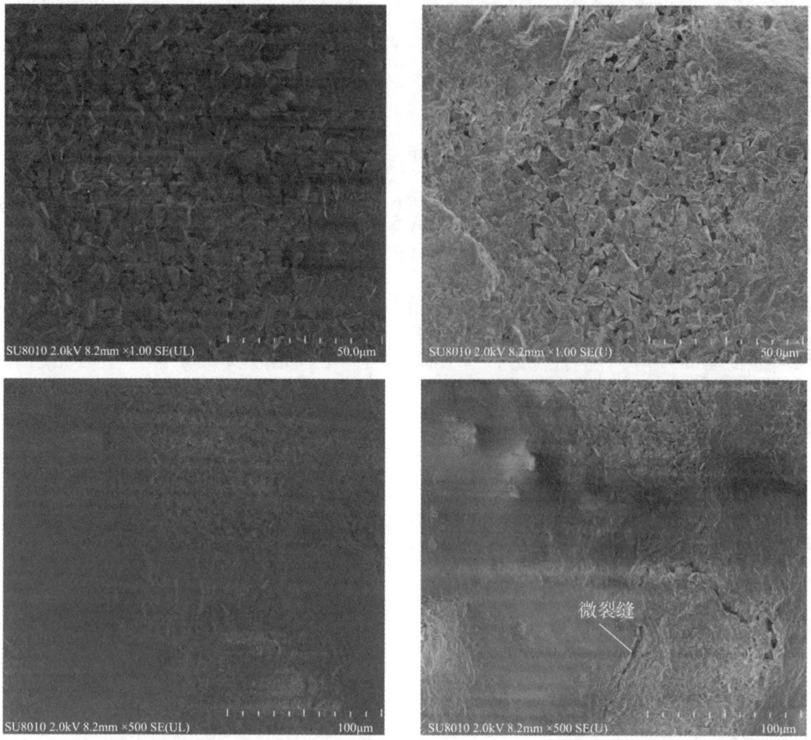

(a)处理前(续)　　(b)处理后(续)

图 5－36　致密砂岩颗粒间中间区域在直流电场作用前后的冷场扫描电镜图像(续)

如图 5－36 所示，致密砂岩的表面形貌在直流电场作用下发生了明显的变化。具体表现为：致密砂岩孔隙数目和颗粒数目明显减少、孔隙尺度扩大、产生新孔隙和形成微裂缝。微裂缝主要由未处理状态下的孔隙融合而成，这充分证明了前文分析的孔隙融合的想法。在电渗力的冲击作用下，会使孔隙扩大、扩展和连接成为更大的孔隙。同时，孔隙融合达到一定程度会形成少量的微裂缝。

二、孔隙参数变化的定量研究

采用图像处理软件 Image-Pro plus 来开展致密砂岩孔隙参数变化的定量表征。选择图 5－37 作为代表进行图像处理。采用面积、平均直径、周长、圆度、长度和宽度来对孔隙进行描述，如图 5－38 所示。根据统计数据，得到各个参数的统计结果，再利用数学的描述方法，获得数据的平均值和标准差，如图 5－39 所示。

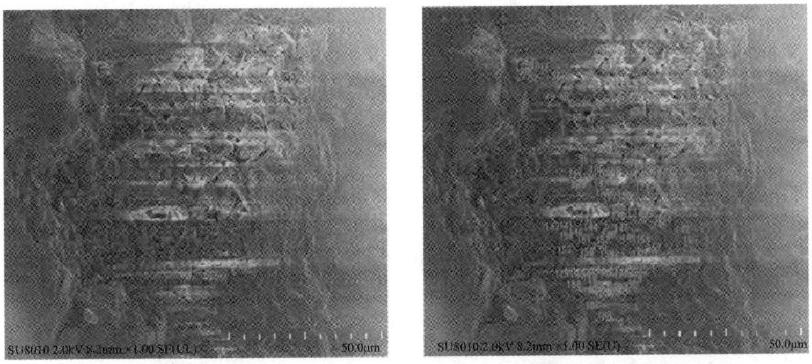

(a)标记孔隙　　(b)带数据的标记孔隙过程

图 5－37　致密砂岩初始状态下扫描电镜图片的处理过程

(a)面积　(b)直径　(c)周长　(d)圆度　(e)长度　(f)宽度

图 5－38　致密砂岩孔隙相关的计算参数的定义

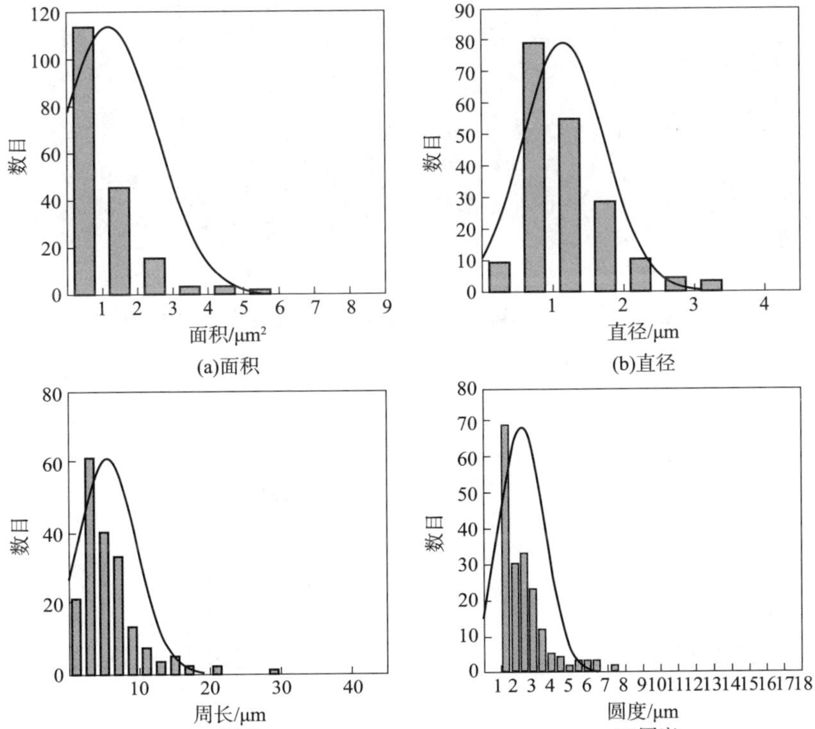

(a)面积　(b)直径

(c)周长　(d)圆度

图 5－39　在直流电场作用前致密砂岩的相关孔隙参数统计图

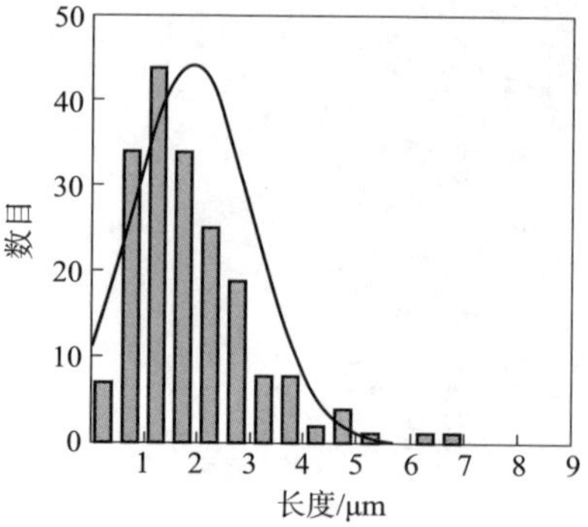

(e)长度

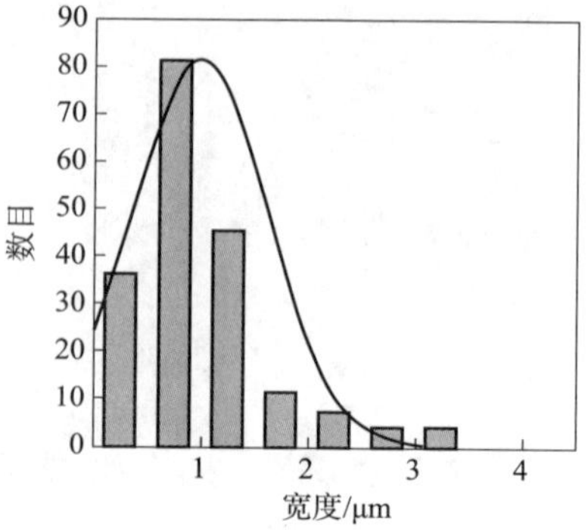

(f)宽度

图 5－39　在直流电场作用前致密砂岩的相关孔隙参数统计图(续)

在直流电场作用下，致密砂岩孔隙参数的计算过程和计算结果如图 5－40 和图 5－41 所示。

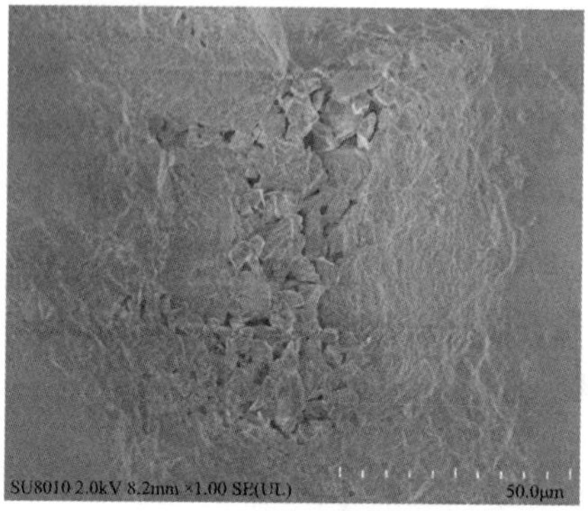

(a)标记孔隙

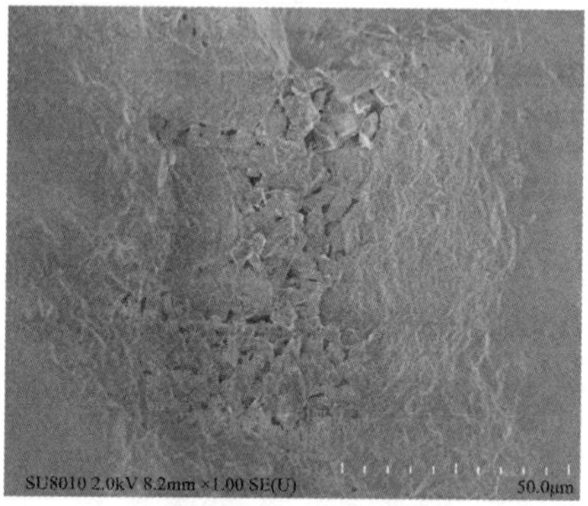

(b)带数据的标记孔隙过程

图 5－40　致密砂岩在直流电场作用后扫描电镜图片的处理过程

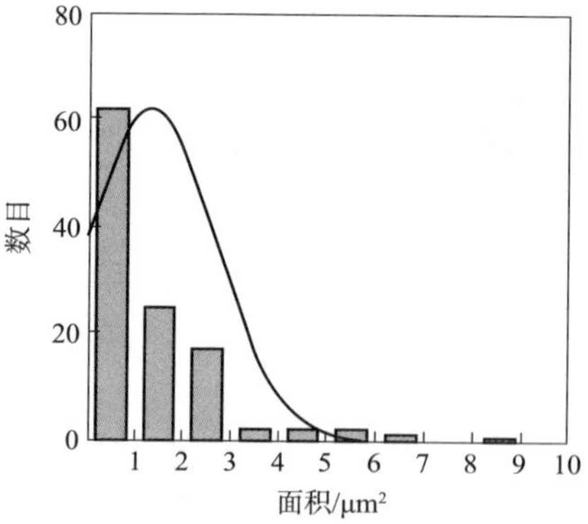

(a)面积

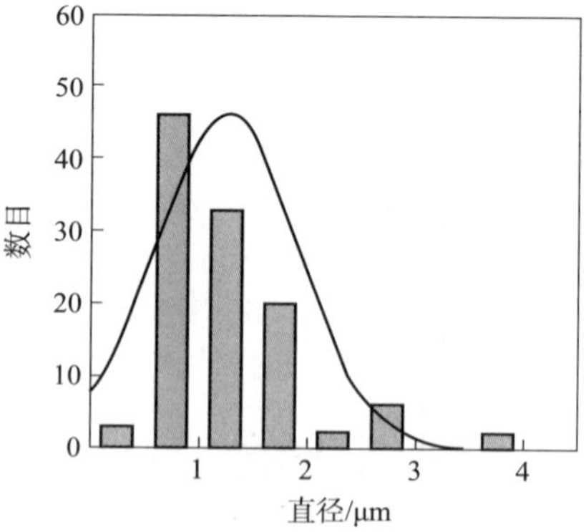

(b)直径

图 5－41　在直流电场作用后致密砂岩的相关孔隙参数统计图

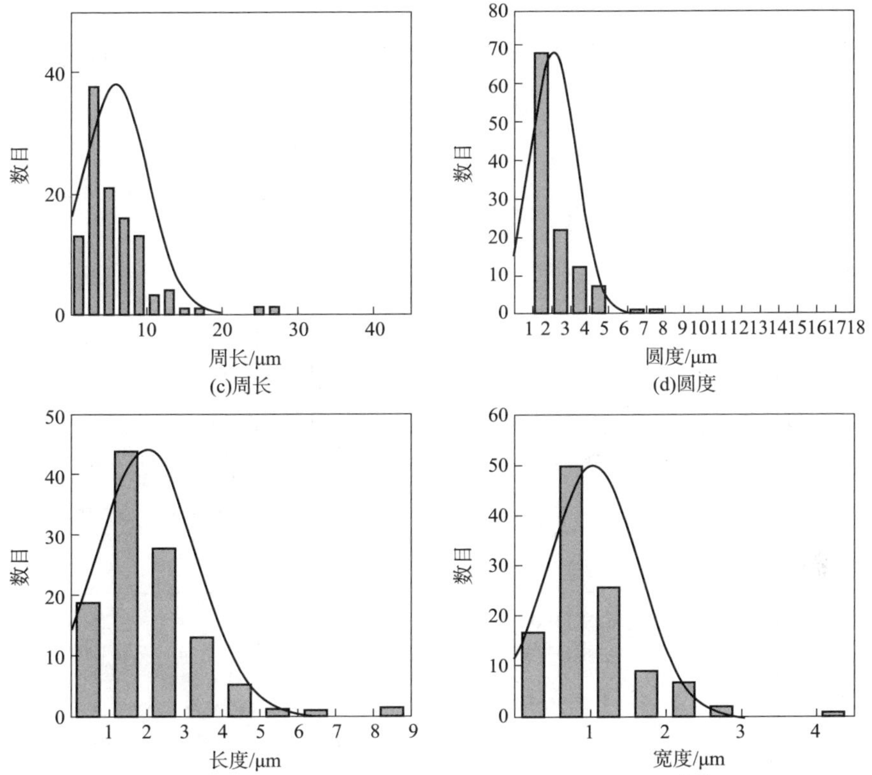

(c)周长　(d)圆度　(e)长度　(f)宽度

图 5－41　在直流电场作用后致密砂岩的相关孔隙参数统计图(续)

根据图 5－39 和图 5－41 致密砂岩孔隙参数的平均值和标准差，获取了直流电场作用前后致密砂岩孔隙参数的对比结果，如图 5－42 所示。

图 5－42 表明，在直流电场作用下，致密砂岩的孔隙参数均表现出增加的趋势。表明直流电场作用虽然降低了致密砂岩孔隙的数目，然而孔隙的面积、直径、周长、圆度、长度和宽度均呈现增加趋势。

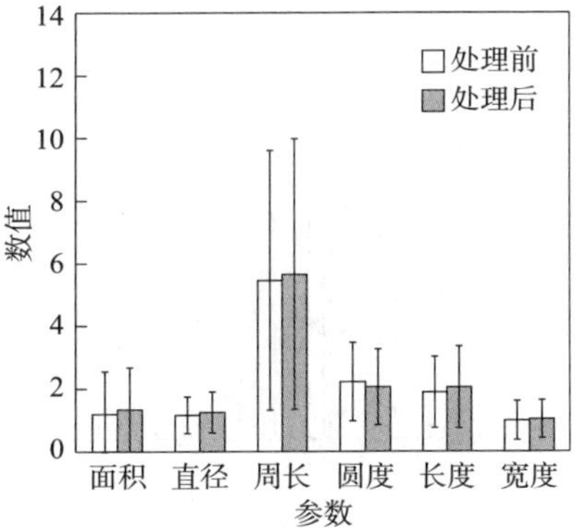

图 5－42　致密砂岩在直流电场作用前后的相关孔隙参数统计图

电泳作用和电渗作用会造成胶结物颗粒在孔隙中进行运移，引起中间区域处的胶结物减小，从而造成孔隙数目的降低。同时，电渗作用导致更多的孔隙在横向和纵向尺度上扩张，表现为致密砂岩的孔隙深度、直径、长度和宽度增加。

在直流电场作用下，计算各个参数占比，并进一步分析致密砂岩孔隙参数在不同尺度的变化情况，实验结果如图 5－43 所示。

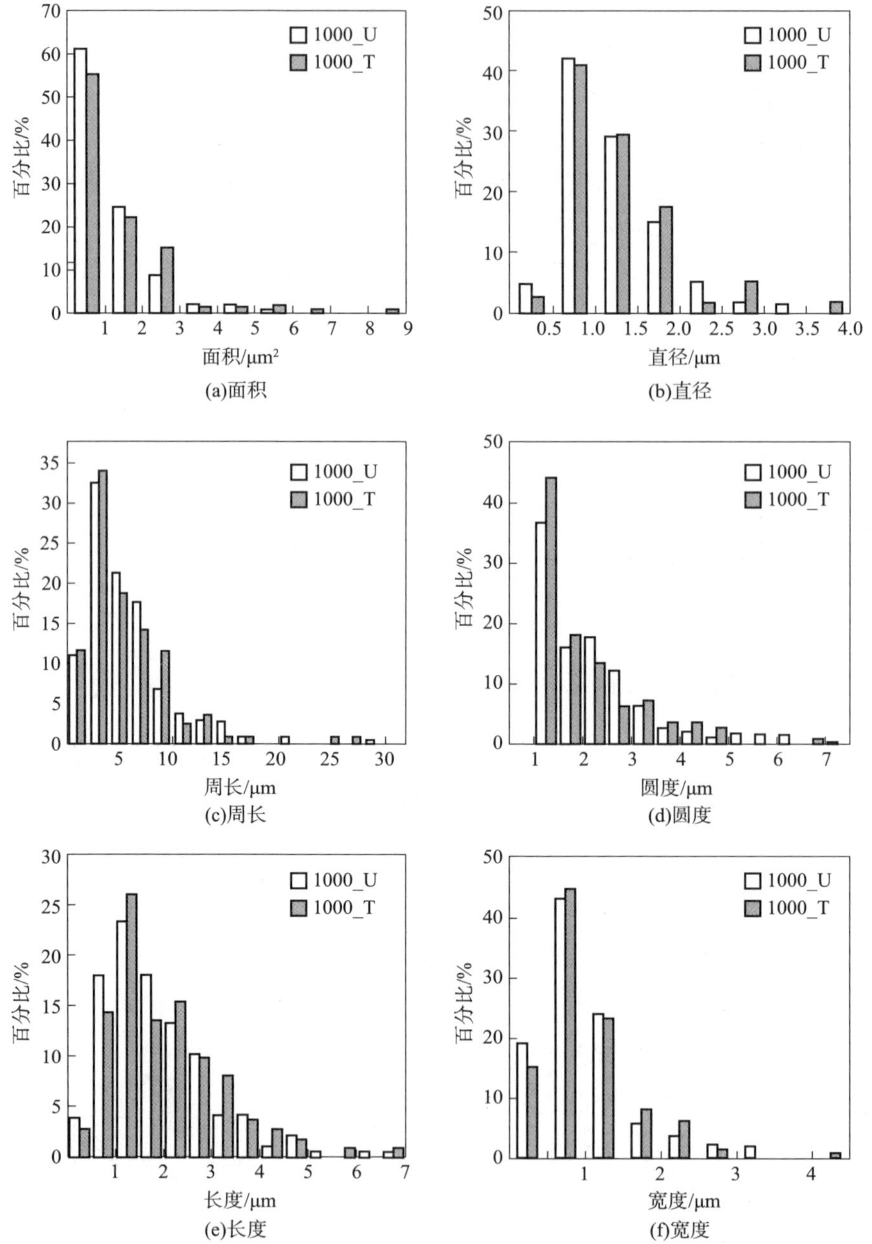

图 5－43　致密砂岩在直流电场作用前后孔隙参数的百分比对比图

图 5-43 表明，对于孔隙面积，当孔隙面积小于 5μm² 时，此时孔隙数目随着直流电场的处理而降低。当孔隙面积大于 5μm² 时，孔隙数目随着直流电场的处理而增加。明显可见直流电场改善了较大面积孔隙的数目。对于平均直径，当孔隙平均直径小于 1μm 时，致密砂岩的孔隙数目随着直流电场的处理而降低。当孔隙平均直径大于 1μm 时，致密砂岩的孔隙数目在直流电场的作用下增加。孔隙其他参数也均表现出临界值的特点。

结合直流电场作用下致密砂岩孔隙结构的变化机理来分析临界值这一现象。致密砂岩中小孔在电渗、电泳、电解和电迁移作用下发生孔隙融合现象，从而朝着更大孔隙的方向发育，结果导致小孔隙的数目降低，而相应的大孔隙数目增加。同时，实验过程中也通过使用冷场扫描电镜首次证实了大孔隙在电动作用的连接下形成微裂缝。

三、扫描电镜粗糙度的定量研究

事实上，从表观感受上无法直接获取扫描电镜图片中样品的粗糙度。因此，需要相关软件对致密砂岩同一样品同一区域在未处理状态和直流电场作用后的扫描电镜图像进行粗糙度处理，从而将表面粗糙度定量化表征。为此，采用Image J软件对直流电场作用下致密砂岩获取的冷场扫描电镜图像进行处理。

以直流电场作用前后 1000 倍放大倍数的扫描电镜图片为例，进行粗糙度参数的计算。其中，未处理状态下选择的区域如图 5-44 所示。形成的扫描电镜的三维图像和区域的平面曲线如图 5-45 所示。直流电场作用后选择的对应区域如图 5-46 所示。形成的扫描电镜的三维图像和区域的平面曲线如图 5-47 所示。

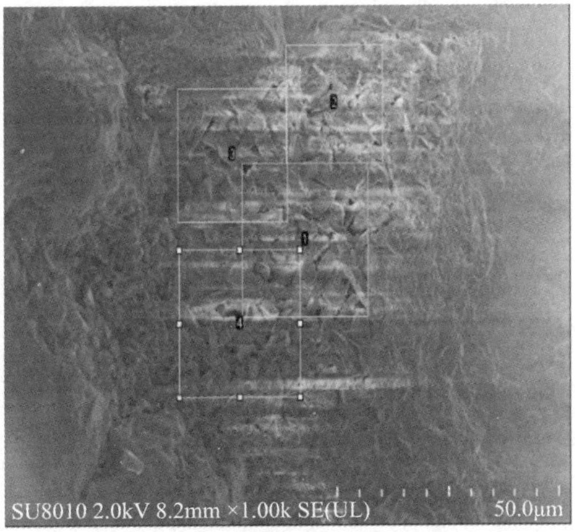

图 5-44 致密砂岩在直流电场作用前选择的分析区域

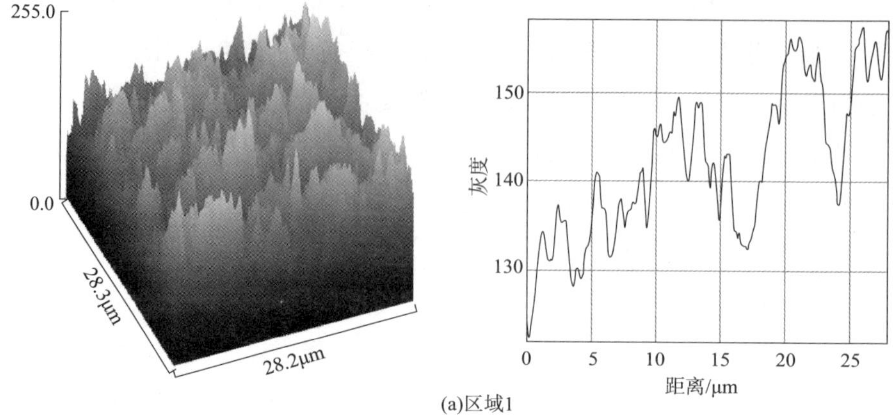

(a)区域1

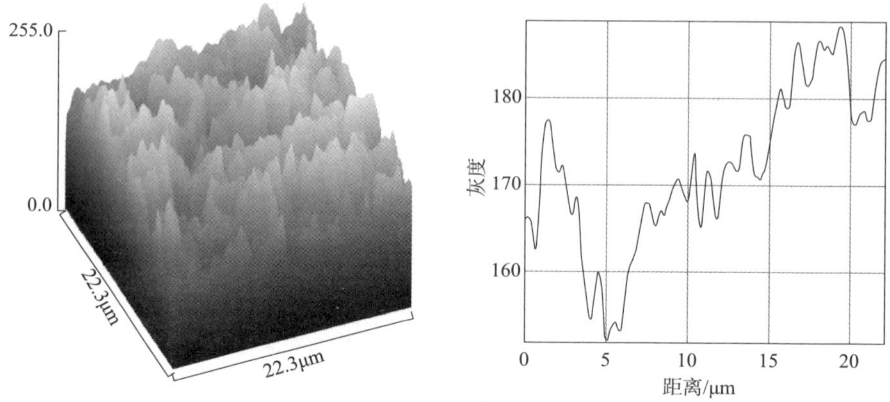

(b)区域2

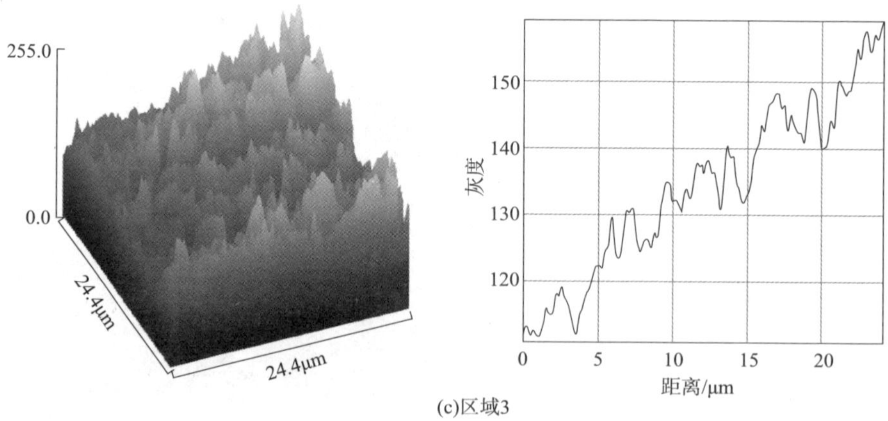

(c)区域3

图5－45　致密砂岩在直流电场作用前选择区域扫描电镜的三维图像以及平面粗糙度曲线

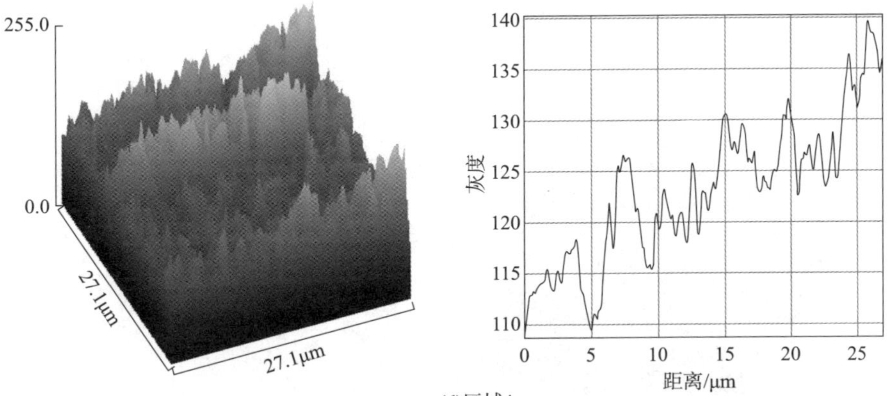

(d)区域4

图 5-45　致密砂岩在直流电场作用前选择区域扫描电镜的三维图像以及平面粗糙度曲线(续)

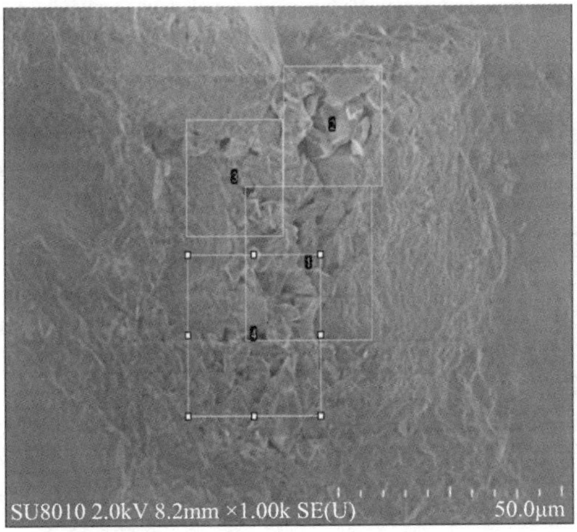

图 5-46　致密砂岩在直流电场作用后选择的对应区域

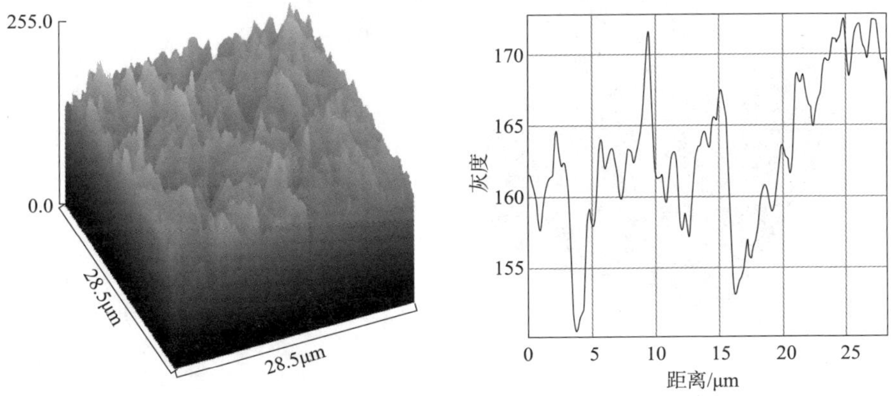

(a)区域1

图 5-47　致密砂岩在直流电场作用后选择区域扫描电镜的三维图像以及平面粗糙度曲线

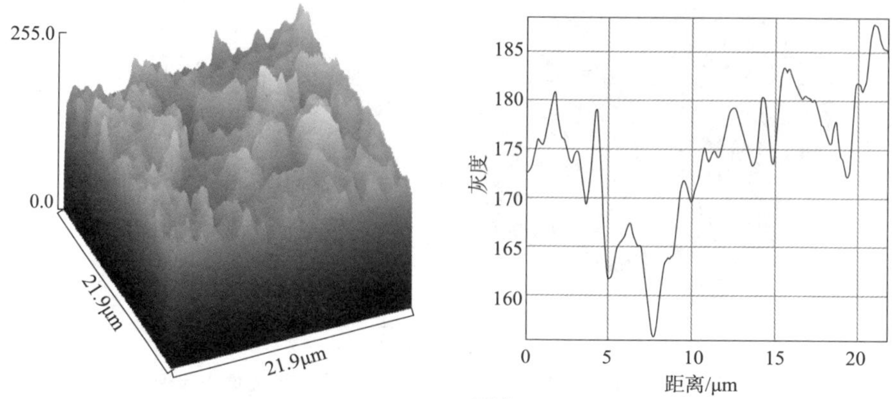

(b)区域2

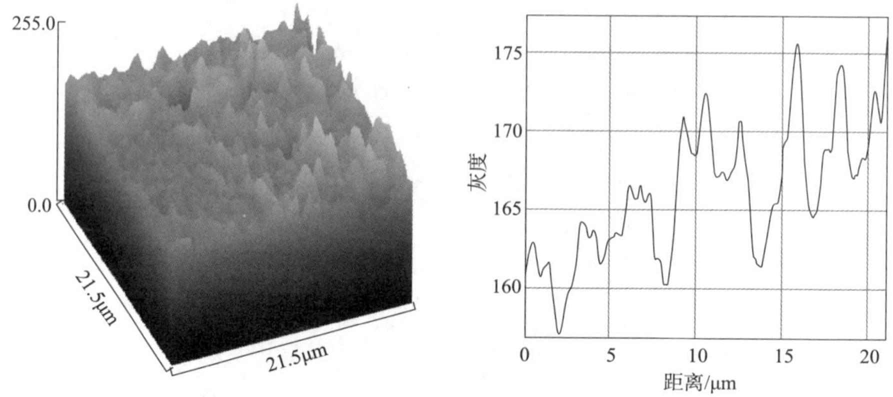

(c)区域3

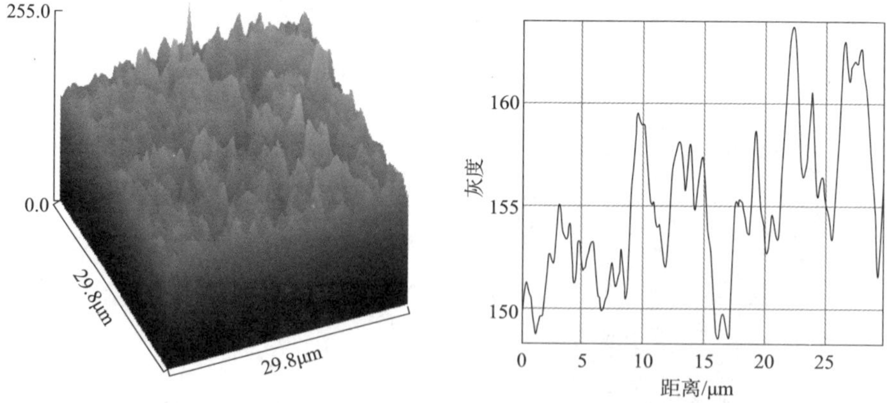

(d)区域4

图5－47　致密砂岩在直流电场作用后选择区域扫描电镜的三维图像以及平面粗糙度曲线(续)

图 5－48(a)和图 5－48(b)为粗糙度参数 R_q 和 R_a 在致密砂岩未处理状态和直流电场作用后，同一样品同一区域在不同划分范围得到的粗糙度结果。

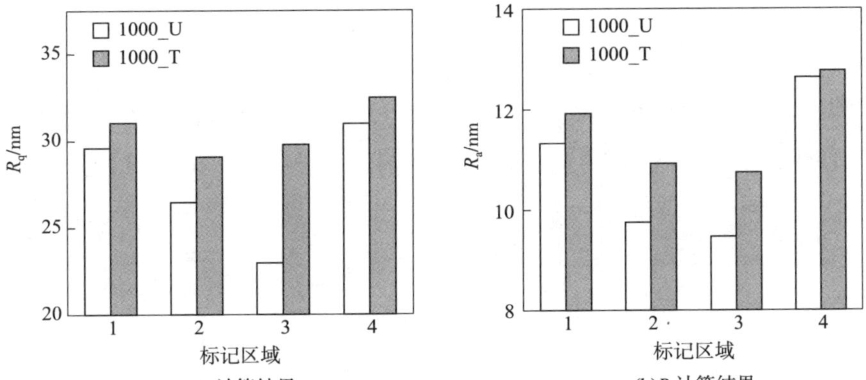

(a)R_q计算结果　　(b)R_a计算结果

图 5－48　致密砂岩颗粒间区域在直流电场作用前后的表面粗糙度对比结果

实验结果表明，在直流电场作用下，致密砂岩颗粒间的粗糙度呈增大趋势，这与前文原子力显微镜在颗粒内致密砂岩的粗糙度变化结论保持一致。

四、表面粗糙度与孔隙参数的关系研究

根据致密砂岩粗糙度的不同划分范围进行相关孔隙大小和数目计算，随后通过粗糙度的数值建立与孔隙相关参数的定量关系。选取上文中粗糙度计算选取的 4 个区域范围，使用 Image-Pro plus 软件进行处理获取具体的孔隙参数。

在直流电场作用前后致密砂岩孔隙数目的结果如图 5－49 所示。

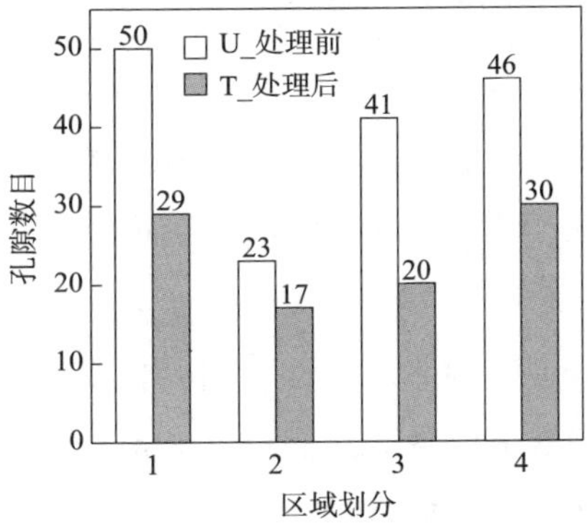

图 5－49　致密砂岩颗粒间区域在直流电场作用前后孔隙数目对比

在直流电场作用前后致密砂岩孔隙相关参数的变化结果如图 5－50 所示。

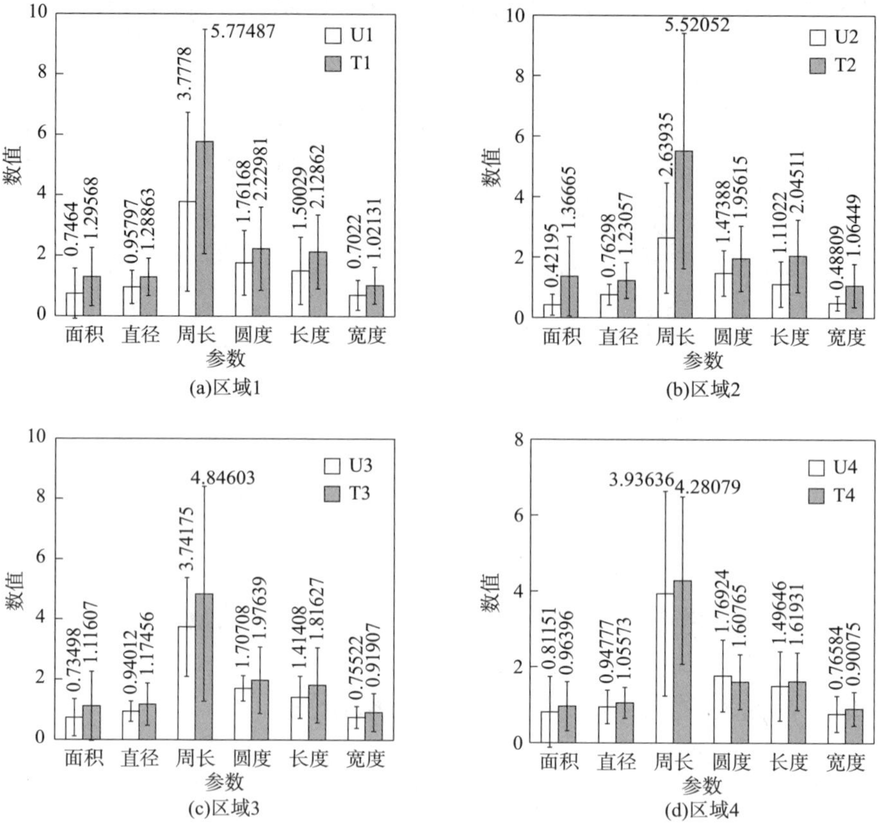

图 5－50　选取的不同区域下致密砂岩在直流电场作用前后孔隙参数对比

实验结果表明，直流电场作用降低了致密砂岩颗粒间的孔隙数目。从平均直径的变化可以看出，直流电场作用会提高致密砂岩的孔隙尺度。分析原因认为：对于颗粒间的孔隙来说，在颗粒运移的过程中，部分相互交错的小孔隙由于颗粒的运移使得孔隙数目减少。同时，电渗冲击导致原本存在的孔隙尺寸增大。电动作用会促进不同的孔隙融合为更大的孔隙，从而减少了孔隙数目并增大了孔隙尺度。

事实上，不同的划分区域的非均质性、边界长度和实际软件操作选取会引起误差。因此，需采用相同的方向选取相同尺寸的边界范围，获得致密砂岩孔隙参数和粗糙度的关系，如图 5－51 所示。

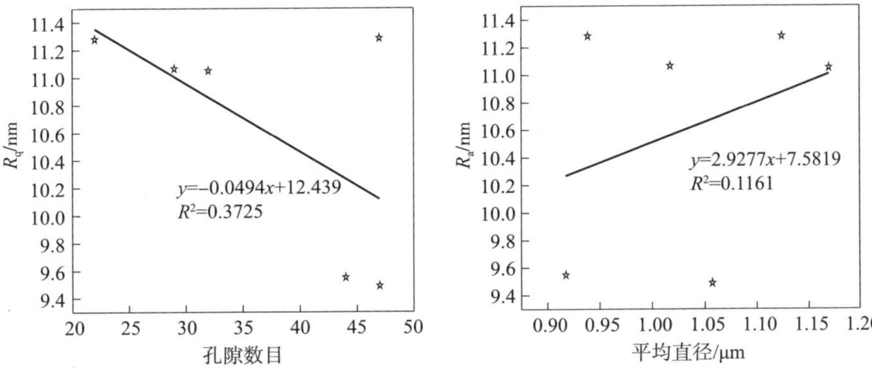

(a)R_q计算结果　　(b)R_a计算结果

图 5－51　致密砂岩选取相同大小区域孔隙数目和粗糙度之间的关系

实验结果显示，致密砂岩孔隙数目与粗糙度呈负相关关系，孔隙平均直径与粗糙度呈正相关关系。

通过灰度可以代表致密砂岩孔隙在纵向上的深度值。选取致密砂岩同一孔隙在直流电场作用前后进行孔隙深度和孔隙尺度的计算。所选孔隙如图 5－52 所示。计算过程如图 5－53 所示，计算结果如图 5－54 所示。

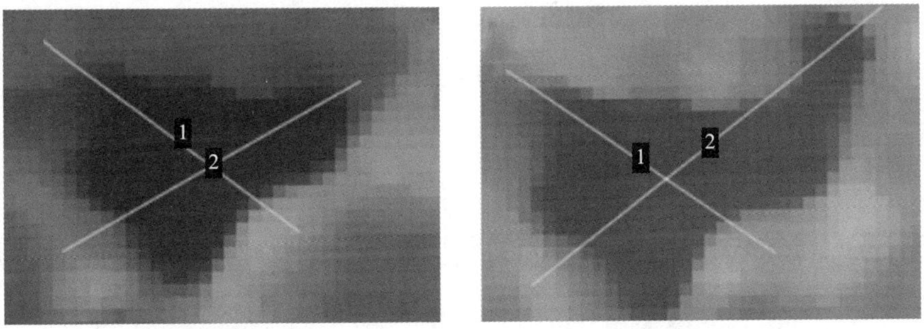

(a)直流电场作用前　　(b)直流电场作用后

图 5－52　致密砂岩选取的同一孔隙在直流电场作用前后的对比

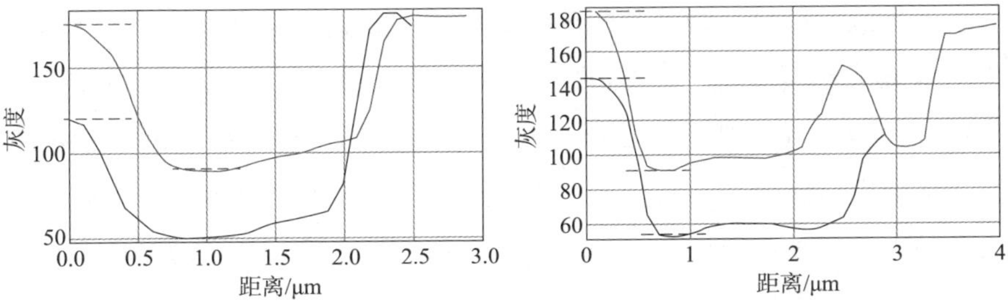

(a)线段1　　(b)线段2

图 5－53　致密砂岩孔隙参数的计算过程（黑色为直流电场作用前曲线，红色为直流电场作用后曲线）

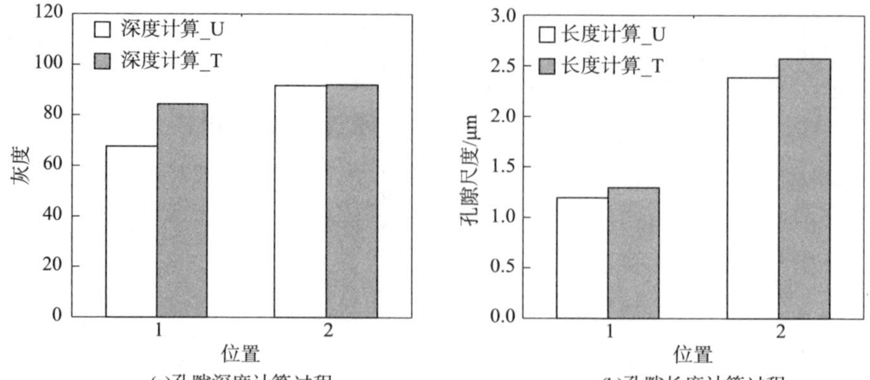

(a)孔隙深度计算过程　(b)孔隙长度计算过程

图 5－54　致密砂岩孔隙参数的计算结果

计算结果表明，在直流电场的作用下，致密砂岩孔隙深度略微增加，而孔隙尺寸随着直流电场的作用明显增加。

综上所述，由于存在不同的影响粗糙度的因素（如深度、尺度、数目和非均质性等），很难建立粗糙度与孔隙参数的精确数学表征。对于同一样品区域的粗糙度和孔隙参数，粗糙度和孔隙数目呈现负相关关系，而和孔隙尺度呈现正相关关系。粗糙度描述的是表面的凸起和凹陷程度。孔隙数目的减少会造成粗糙度的降低，这显然与实验结果相悖。经过分析认为，孔隙尺度和孔隙深度的增加克服了孔隙数目降低所带来的影响，从而增加了此区域的粗糙度。

第 5 节　原位条件下的润湿性与表面粗糙度关系研究

如本书前文所述，润湿性是储层的一个重要参数，影响着油水在孔隙通道中的分布。此外，润湿性直接控制着流体的流动特性。润湿性反映了流体在多孔岩石固体表面扩散的趋势。合理的润湿性调控是提高储层采收率的重要手段，特别是对于中湿型或油湿型储层。例如，大量研究表明，低矿化度驱油作为一种经济、绿色和环境友好的技术，已被应用于油田现场。在低矿化度溶液注入过程中，由于水岩反应，储层岩石的润湿性改变为更加亲水，从而进一步提高了储层的采收率。由此可见，对润湿性的持续研究是有效指导石油资源开发利用的必要条件。

随着对储层润湿性的深入研究，研究学者逐渐意识到表面粗糙度会对储层润湿性产生影响。基于这一认识，Wenzel 和 Cassie 提出了关于表面粗糙度下的润湿性模型。这是由于岩石表面的不规则孔隙之间的连接不一致。因此，储层表面通常表现出粗糙的性质。致密砂岩的表面粗糙度增加了固－液界面的接触面积，进而影响储层润湿性。

如前所述，致密砂岩储层通常由石英、长石、方解石和各种黏土矿物组成，是一种复杂的非均质性材料。接触角测量是目前确定储层润湿性的标准和直接方法之一，如图 5－55 所示。具体地说，使用光学显微镜来捕获固体表面上的液体轮廓，进而可以定量表征储层接触角。因此，为了全面系统地探究表面粗糙度对致密砂岩储层润湿性变化的影响，需要在致密砂岩样品的区域内开展精确的原位粗糙度表征。

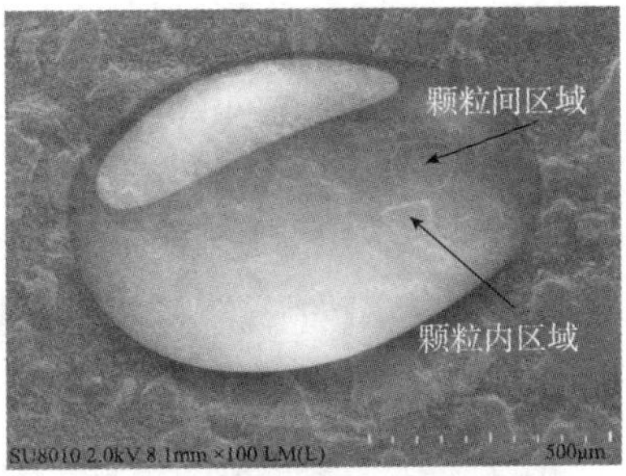

图 5－55　单个液滴在致密砂岩固体表面的示意图

原子力显微镜可以直接获取三维图像，因而在地质材料中得到广泛应用，可以直接探测致密砂岩表面的粗糙度。但前文分析发现，在致密砂岩中，原子力显微镜探测的往往是颗粒内的扫描图像。计算的岩石表面粗糙度仅仅代表颗粒内的粗糙度。扫描电镜可以扫描颗粒间的孔隙，进而计算出岩石的表面粗糙度。因此，将原子力显微镜和扫描电镜结合起来，从致密砂岩颗粒内和颗粒间的表面粗糙度综合分析，可以进一步剖析在直流电场作用下致密砂岩表面粗糙度的变化规律。基于致密砂岩表面粗糙度的变化特征，探究在直流电场作用下致密砂岩表面粗糙度与润湿性的关系。

一、同一样品薄片在电场作用下润湿性变化特征研究

如第 4 章第 1 节所述，由于致密砂岩中孔隙的存在，在接触角测量过程中，水滴很难稳定，最终会在样品表面扩散，无法达到固－液－气三相稳定状态，使得接触角的测量波动较大，无法准确计算致密砂岩的接触角。在接触角测量实验过程中，即使水滴最终会随着时间的推移逐渐在致密砂岩薄片上铺展，但水滴仍会在扩散过程中每隔几秒钟形成一个固－液－气三相稳定状态，因此，接触角的测量结果趋势呈向下的阶梯状。基于此种现象，选择 60s 时的接触角来表示致密

砂岩薄片当前的润湿性。值得注意的是，这种方法只能展示出在外加环境变化下致密砂岩相对润湿性的变化。如果外部刺激处理后的致密砂岩接触角小于未处理的致密砂岩接触角，则表明外部刺激降低了致密砂岩的接触角，进而改善了储层的亲水性，反之亦然。

基于上述接触角测试原理，直流电场作用前后致密砂岩薄片在不同时间下的接触角变化测量结果如图 5-56 和图 5-57 所示。

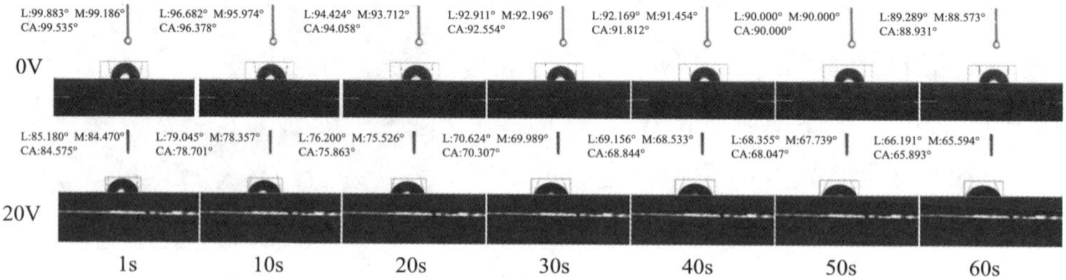

图 5-56　直流电场作用前后致密砂岩薄片动态接触角测量

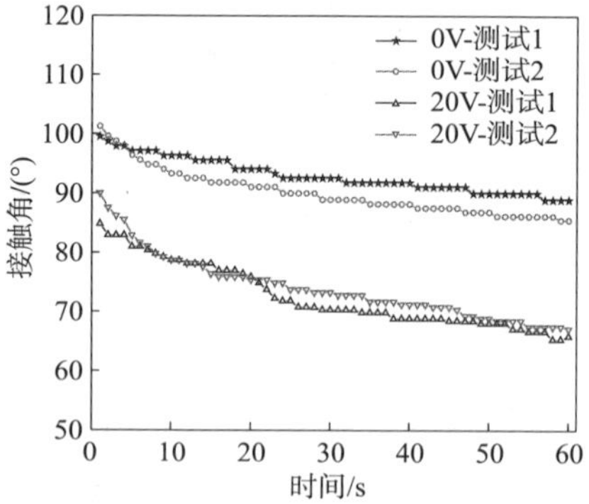

图 5-57　直流电场作用前后致密砂岩薄片动态接触角变化结果

从图 5-56 和图 5-57 中可以观察到，随着接触角测量时间的增加，接触角逐渐减小，说明水滴在岩石-水-空气体系中无法稳定。然而，可以在几秒钟内观察到水滴存在稳定的周期。接触角测试结果表明，直流电场作用后的致密砂岩薄片的接触角小于未经过直流电场作用的接触角，说明直流电场作用可以减小致密砂岩薄片的接触角，进而增强致密砂岩储层的亲水性。这个观察结果与之前用圆柱形样品做的实验结果保持一致。

从物理角度分析，岩石的表面粗糙度影响储层的润湿性。如前所述，致密砂岩中颗粒内区域和颗粒间区域共同影响岩石表面粗糙度，进而影响储层润湿性。

下面将从孔隙尺度变化的角度揭示这两个区域的粗糙度变化对致密砂岩润湿性的影响。

二、电场作用下润湿性与颗粒内、颗粒间粗糙度的关系研究

如本书前文所述，通过直流电场作用下致密砂岩开展的原子力显微镜和扫描电镜实验发现，直流电场作用会增加致密砂岩颗粒内和颗粒间区域的表面粗糙度。然而，驱动颗粒内和颗粒间区域表面粗糙度变化的机制存在显著的不同。致密砂岩颗粒内粗糙度的增加是由于直流电场作用增大了孔隙深度而减少了孔隙长度。直流电场作用对孔隙数目的影响较小。此外，致密砂岩颗粒间粗糙度的增加是由于直流电场作用增加了孔隙长度，减少了孔隙数目和孔隙深度。必须指出的是，本次实验结果是在常压条件下开展的。

迄今为止，鲜有文献报道直流电场作用下致密砂岩颗粒内和颗粒间孔隙参数差异的现象和原因。直流电场作用后致密砂岩多孔介质固－液界面会发生电动力学变化。在致密砂岩颗粒内区域，石英和长石中存在较多的溶蚀孔。由于电泳作用，矿物颗粒移动并填充颗粒内的孔隙空间，导致颗粒内的孔隙长度减少。直流电场作用后，在致密砂岩颗粒内区域同一表面上出现更多颗粒，这进一步证明了颗粒的运动。电动力学中的电渗流会对初始孔隙施加“冲刷”力。此外，电动力学中的电解作用会改变系统的酸碱环境，从而导致颗粒内更大的溶解效应。因此，电渗流和电解引起的酸碱环境变化协同增加了致密砂岩的孔隙深度。前文有关颗粒内的粗糙度实验结果表明，直流电场作用后，致密砂岩颗粒内区域的表面粗糙度增大。从孔隙尺度剖析发现，这主要是由于孔隙长度的减少和孔隙深度的增加。通过分析致密砂岩颗粒内表面粗糙度和孔隙参数的关系，推断出相比孔隙长度，颗粒内的孔隙深度对颗粒内区域表面粗糙度的影响更大。致密砂岩颗粒间区域主要由黏土矿物和裂缝组成。黏土矿物在直流电场作用下从阴极区域向阳极区域移动，导致矿物颗粒数量减少，孔隙数量急剧减少。此外，电渗流和酸碱环境变化引起的冲击力使黏土矿物的孔隙长度增加。当移动的黏土矿物颗粒填充周围孔隙空间时，致密砂岩颗粒间区域孔隙深度减小。实验结果表明，直流电场作用增加了颗粒间区域的表面粗糙度。综合考虑颗粒间表面粗糙度和孔隙参数的关系，可以发现孔隙长度是影响致密砂岩颗粒间表面粗糙度的关键参数。相关结果

变化如图 5－58 所示。

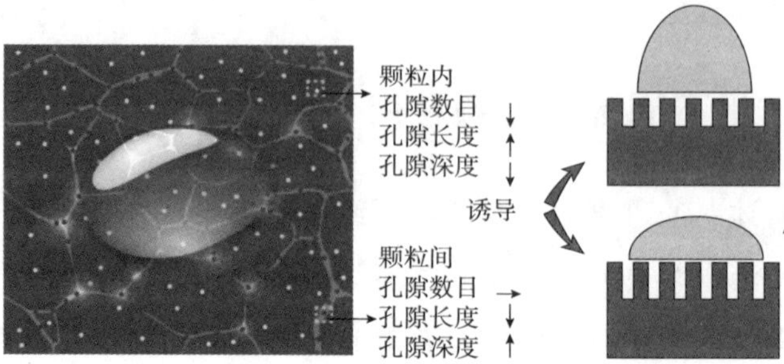

图 5－58　从孔隙尺度分析直流电场作用前后致密砂岩薄片接触角变化原因

综上所述，直流电场作用增加了致密砂岩颗粒内区域的孔隙深度，减小了孔隙长度，几乎没有影响孔隙数目。综合对比不同孔隙参数对颗粒内区域的表面粗糙度影响，孔隙深度的增加是导致致密砂岩颗粒内区域表面粗糙度增加的原因。对于致密砂岩颗粒间区域的表面粗糙度变化，实验发现直流电场作用增加了孔隙长度，减少了孔隙数量和孔隙深度，从而增加了颗粒间的表面粗糙度。通过观察孔隙参数对颗粒间表面粗糙度的影响，可以推断孔隙长度是影响颗粒间区域表面粗糙度的主要参数。进一步剖析致密砂岩颗粒内和颗粒间孔隙参数的变化差异，发现这主要是由电动作用导致的黏土矿物移动引起的。致密砂岩颗粒内区域周围孔隙空间会被黏土矿物填充，导致孔隙长度进一步减小。在此过程中，黏土矿物颗粒在颗粒间区域的重新分布增加了颗粒间区域的孔隙长度。从孔隙尺度上看，直流电场作用下致密砂岩表面粗糙度的增加主要是由颗粒内孔隙深度和颗粒间孔隙长度的变化引起的。通过直流电场作用下致密砂岩表面接触角动态变化实验，发现直流电场作用对致密砂岩储层的亲水性具有调控作用，会使致密砂岩储层的润湿性向更亲水方向发展。因此，从孔隙尺度角度分析，随着颗粒内孔隙深度和颗粒间孔隙长度的增加，直流电场作用下颗粒内区域和颗粒间区域的表面粗糙度增加，这进一步增强了致密砂岩储层的润湿性。

参考文献

[1]胡素云，朱如凯，吴松涛，等．中国陆相致密油效益勘探开发[J]．石油勘探与开发，2018，45(4)：737－748.

[2]杜金虎，刘合，马德胜，等．试论中国陆相致密油有效开发技术[J]．石油勘探与开发，2014，41(2)：2.

[3]周能武，卢双舫，王民，等．中国典型陆相盆地致密油成储界限与分级评价标准[J]．石油勘探与开发，2021，48(5)：939－949.

[4]李忠兴，屈雪峰，刘万涛，等．鄂尔多斯盆地长7段致密油合理开发方式探讨[J]．石油勘探与开发，2015，42(2)：217－221.

[5]柴肇云，孙耀辉，白金波．电化学作用下煤系泥岩孔隙和强度变化的试验研究[J]．煤炭学报，2018，43(3)：667－674.

[6]林柏泉，王一涵，闫发志，等．NaCl 溶液对电脉冲致裂煤体孔隙结构影响的实验研究[J]．煤炭学报，2018(5)：1328－1334.

[7]张宁生，吴新民．电化学采油及其作用机理综述[J]．石油勘探与开发，1998(2)：57－58.

[8]关继腾，陈月明，王玉斗．直流电动－水动力驱油机理研究[J]．中国石油大学学报(自然科学版)，2000，24(5)：23－27.

[9]黄柳宾，王殿生，卢占国．电场作用下多孔介质中单相流体的渗流速度[J]．科学技术与工程，2007，7(21)：5510－5512，5529.

[10] Rudyk S，Taura U，Al-Jahwary M. Enhancing oil recovery by electric current impulses well treatment：a case of marginal field from Oman[J]．Fuel，2022(314)：123115.

[11] Ansari A，Haroun M，Rahman M M，et al. Electrokinetic driven low-concentration acid improved oil recovery in Abu Dhabi tight carbonate reservoirs[J]．Electrochimica Acta，2015(181)：255－270.

[12] Al Shalabi E，Ghosh B，Haroun M，et al. The application of direct current potential to enhancing waterflood recovery efficiency[J]．Petroleum Science and Technology，2012，30(20)：2160－2168.

[13] Ghosh B，Shalabi E A，Haroun M. The effect of DC electrical potential on enhancing sandstone reservoir permeability and oil recovery[J]．Petroleum Science and Technology，2012，30(20)：2148－2159.

[14] Chilingar G V, El-Nassir A, Stevens R G. Effect of direct electrical current on permeability of sandstone cores[J]. Journal of Petroleum Technology, 1970, 22(7): 830 - 836.

[15] Chilingar G V, Haroun M. Electrokinetics for petroleum and environmental engineers[M]. New York: John Wiley and Sons, 2014.

[16] Liu M, Jiang L. Switchable adhesion on liquid/solid interfaces[J]. Advanced Functional Materials, 2010, 20(21): 3753 - 3764.

[17] Zhang W, Ning Z, Cheng Z, et al. Experimental investigation of the role of DC voltage in the wettability alteration in tight sandstones[J]. Langmuir, 2020, 36(40): 11985 - 11995.

[18] Kwon G, Kota A K, Li Y, et al. On-demand separation of oil-water mixtures[J]. Advanced Materials, 2012, 24(27): 3666 - 3671.

[19] Aggour M, Muhammadain A. Investigation of waterflooding under the effect of electrical potential gradient[J]. Journal of Petroleum Science & Engineering, 1992, 7(3): 319 - 327.

[20] Aggour M, Tchelepi H, Al-Yousef H. Effect of electroosmosis on relative permeabilities of sandstones[J]. Journal of Petroleum Science and Engineering, 1994, 11(2): 91 - 102.

[21] Shalabi E A, Haroun M, Ghosh B, et al. The stimulation of sandstone reservoirs using DC potential[J]. Petroleum Science and Technology, 2012, 30(20): 2137 - 2147.

[22] Peraki M, Ghazanfari E, Pinder G F. Numerical investigation of two-phase flow encountered in electrically enhanced oil recovery[J]. Journal of Petroleum Exploration and Production Technology, 2018(8): 1505 - 1518.

[23] Muraoka T, Ghazanfari E, Shrestha R A, et al. Electrically induced pore pressures in high salt content clay slurry[J]. Separation and Purification Technology, 2011, 79(2): 133 - 138.

[24] Pamukcu S, Weeks A, Wittle J K. Enhanced reduction of Cr(VI) by direct electric current in a contaminated clay[J]. Environmental Science and Technology, 2004, 38(4): 1236 - 1241.

[25] Ghazanfari E, Shrestha R A, Miroshnik A, et al. Electrically assisted liquid hydrocarbon transport in porous media[J]. Electrochimica Acta, 2012(86): 185 - 191.

[26] Somasundaran P, Zhang L. Adsorption of surfactants on minerals for wettability control in improved oil recovery processes[J]. Journal of Petroleum Science and Engineering, 2006, 52(1 - 4): 198 - 212.

[27] Meiqin L, Zhao H, Mingyuan L. Surface wettability control of reservoir rocks by brine[J]. Petroleum Exploration and Development, 2018, 45(1): 145 - 153.

[28] Greenwood R, Lapčíková B, Surýnek M, et al. The zeta potential of kaolin suspensions measured by electrophoresis and electroacoustics[J]. Chemical Papers, 2007, 61(2): 83 - 92.

[29] Fleurea J-M, Dupeyrat M. Influence of an electric field on the interfacial parameters of a water/oil/rock system: application to oil enhanced recovery[J]. Journal of Colloid and Interface Science, 1988, 123(1): 249-258.

[30] Kariminezhad E, Elektorowicz M. Comparison of constant, pulsed, incremental and decremental direct current applications on solid-liquid phase separation in oil sediments[J]. Journal of Hazardous Materials, 2018(358): 475-483.

[31] Karna N K, Crisson A R, Wagemann E, et al. Effect of an external electric field on capillary filling of water in hydrophilic silica nanochannels[J]. Physical Chemistry Chemical Physics, 2018, 20(27): 18262-18270.

[32] Guo J, Kang T, Kang J, et al. Accelerating methane desorption in lump anthracite modified by electrochemical treatment[J]. International Journal of Coal Geology, 2014(131): 392-399.

[33] Yin B, Kang T, Kang J, et al. Experimental and mechanistic research on enhancing the strength and deformation characteristics of Fly-Ash-Cemented filling materials modified by electrochemical treatment[J]. Energy and Fuels, 2018, 32(3): 3614-3626.

[34] Wang D, Kang T, Han W, et al. Electrochemical modification of tensile strength and pore structure in mudstone[J]. International Journal of Rock Mechanics and Mining Sciences, 2011, 48(4): 687-692.

[35] Yan F, Lin B, Zhu C, et al. Experimental investigation on anthracite coal fragmentation by high-voltage electrical pulses in the air condition: Effect of breakdown voltage[J]. Fuel, 2016(183): 583-592.

[36] Lin B, Zhang X, Yan F, et al. Improving the Conductivity and Porosity of Coal with NaCl Solution for High-Voltage Electrical Fragmentation[J]. Energy and Fuels, 2018, 32(4): 5010-5019.

[37] Yan F, Xu J, Lin B, et al. Effect of moisture content on structural evolution characteristics of bituminous coal subjected to high-voltage electrical pulses[J]. Fuel, 2019(241): 571-578.

[38] Zhang X, Lin B, Zhu C, et al. Petrophysical variation of coal treated by cyclic high-voltage electrical pulse for coalbed methane recovery[J]. Journal of Petroleum Science and Engineering, 2019(178): 795-804.

[39] Powell M R, Cleary L, Davenport M, et al. Electric-field-induced wetting and dewetting in single hydrophobic nanopores[J]. Nature Nanotechnology, 2011, 6(12): 798.

[40] Tao R, Xu X. Reducing the viscosity of crude oil by pulsed electric or magnetic field[J]. Energy and Fuels, 2006, 20(5): 2046-2051.

[41] Li H, Lin B, Yang W, et al. Experimental study on the petrophysical variation of different rank coals with microwave treatment [J]. International Journal of Coal Geology, 2016 (154): 82 – 91.

[42] Tang Z, Zhai C, Zou Q, et al. Changes to coal pores and fracture development by ultrasonic wave excitation using nuclear magnetic resonance[J]. Fuel, 2016(186): 571 – 578.

[43] Zhang X, Lin B, Li Y, et al. Analysis of fractal dimension of coal subjected to electrical breakdown based on nuclear magnetic resonance[J]. Journal of Natural Gas Science and Engineering, 2020(79): 103345.

[44] Zhang G, Duan Z, Wang Q, et al. Electrical potential induced switchable wettability of superaligned carbon nanotube films[J]. Applied Surface Science, 2018(427): 628 – 635.

[45] Kariminezhad E, Elektorowicz M. Effect of various electrokinetic treatment regimes on solids surface properties and thermal behavior of oil sediments[J]. Journal of Hazardous Materials, 2018 (353): 227 – 235.

[46] Kakade B, Mehta R J, Durge A, et al. Electric Field Induced, Superhydrophobic to Superhydrophilic Switching in Multiwalled Carbon Nanotube Papers[J]. Nano Letters, 2008, 8(9): 2693 – 2696.

[47] Zhou G, Xu C, Cheng W, et al. Effects of Oxygen Element and Oxygen-Containing Functional Groups on Surface Wettability of Coal Dust with Various Metamorphic Degrees Based on XPS Experiment[J]. Journal of Automated Methods & Management in Chemistry, 2015 (2015): 467242.

[48] Tang H, Zhao L, Sun W, et al. Surface characteristics and wettability enhancement of respirable sintering dust by nonionic surfactant[J]. Colloids and Surfaces A: Physicochemical and Engineering Aspects, 2016(509): 323 – 333.

[49] Xia W, Niu C, Li Y. Effect of heating process on the wettability of fine coals of various ranks [J]. The Canadian Journal of Chemical Engineering, 2017, 95(3): 475 – 478.

[50] Baghery Borooj M, Mousavi Shoushtari A, Nosratian Sabet E, et al. Influence of oxygen plasma treatment parameters on the properties of carbon fiber[J]. Journal of Adhesion Science and Technology, 2016, 30(21): 2372 – 2382.

[51] Xu C, Wang D, Wang H, et al. Effects of chemical properties of coal dust on its wettability [J]. Powder Technology, 2017(318): 33 – 39.

[52] Wang H, Zhang L, Wang D, et al. Experimental investigation on the wettability of respirable coal dust based on infrared spectroscopy and contact angle analysis[J]. Advanced Powder Tech-

nology, 2017, 28(12): 3130-3139.

[53] Arif M, Jones F, Barifcani A, et al. Influence of surface chemistry on interfacial properties of low to high rank coal seams[J]. Fuel, 2017(194): 211-221.

[54] Li X, Liu K, Liu Z, et al. Hierarchical porous carbon from hazardous waste oily sludge for all-solid-state flexible supercapacitor[J]. Electrochimica Acta, 2017(240): 43-52.

[55] Woche S K, Goebel M-O, Mikutta R, et al. Soil wettability can be explained by the chemical composition of particle interfaces—An XPS study[J]. Scientific Reports, 2017(7): 42877.

[56] Kondratowicz I, Nadolska M, Sahin S, et al. Tailoring properties of reduced graphene oxide by oxygen plasma treatment[J]. Applied Surface Science, 2018(440): 651-659.

[57] Zhou Y, Albijanic B, Wang Y, et al. Characterizing surface properties of oxidized coal using FTIR and contact angle measurements[J]. Energy Sources Part A—recovery Utilization and Environmental Effects, 2018, 40(12): 1559-1564.

[58] Kakade B A. Chemical control of superhydrophobicity of carbon nanotube surfaces: droplet pinning and electrowetting behavior[J]. Nanoscale, 2013, 5(15): 7011-7016.

[59] Parker T, Shi F, Evans C, et al. The effects of electrical comminution on the mineral liberation and surface chemistry of a porphyry copper ore[J]. Minerals Engineering, 2015(82): 101-106.

[60] Zahiri B, Sow P K, Kung C H, et al. Active control over the wettability from superhydrophobic to superhydrophilic by electrochemically altering the oxidation state in a low voltage range[J]. Advanced Materials Interfaces, 2017, 4(12): 1700121.

[61] Zhang X, Lin B, Li Y, et al. Enhancement effect of NaCl solution on pore structure of coal with high-voltage electrical pulse treatment[J]. Fuel, 2019(235): 744-752.

[62] Kakade B, Mehta R, Durge A, et al. Electric field induced, superhydrophobic to superhydrophilic switching in multiwalled carbon nanotube papers[J]. Nano Letters, 2008, 8(9): 2693-2696.

[63] Ahuja A, Taylor J, Lifton V, et al. Nanonails: A simple geometrical approach to electrically tunable superlyophobic surfaces[J]. Langmuir, 2008, 24(1): 9-14.

[64] Liu M, Nie F, Wei Z, et al. In Situ Electrochemical Switching of Wetting State of Oil Droplet on Conducting Polymer Films[J]. Langmuir, 2010, 26(6): 3993-3997.

[65] Li X, Li X, Shao J, et al. Shape-controllable plano-convex lenses with enhanced transmittance via electrowetting on a nanotextured dielectric[J]. Journal of Materials Chemistry C, 2016, 4(39): 9162-9166.

[66] Zahiri B, Felix R M, Hill A, et al. Through-plane wettability tuning of fibrous carbon layers via O_2 plasma treatment for enhanced water management[J]. Applied Surface Science, 2018(458): 32 – 42.

[67] Liu M, Nie F-Q, Wei Z, et al. In situ electrochemical switching of wetting state of oil droplet on conducting polymer films[J]. Langmuir, 2009, 26(6): 3993 – 3997.

[68] Li X, Wei H, Zhu X. Electrically modulated adhesive hydrophobicity for patterning various microstructures[J]. Microelectronic Engineering, 2019(209): 1 – 5.

[69] Darmanin T, De Givenchy E T, Amigoni S, et al. Superhydrophobic surfaces by electrochemical processes[J]. Advanced Materials, 2013, 25(10): 1378 – 1394.

[70] Pan J, Zhu H, Hou Q, et al. Macromolecular and pore structures of Chinese tectonically deformed coal studied by atomic force microscopy[J]. Fuel, 2015(139): 94 – 101.

[71] Borooj M B, Shoushtari A M, Sabet E N, et al. Influence of oxygen plasma treatment parameters on the properties of carbon fiber[J]. Journal of Adhesion Science and Technology, 2016, 30(21): 2372 – 2382.

[72] Kubiak K, Wilson M C T, Mathia T G, et al. Wettability versus roughness of engineering surfaces[J]. Wear, 2011, 271(3): 523 – 528.

[73] Woo S H, Park J, Min B R. Relationship between permeate flux and surface roughness of membranes with similar water contact angle values[J]. Separation and Purification Technology, 2015(146): 187 – 191.

[74] Liu D, Li D, Du D, et al. Antifouling PVDF membrane with hydrophilic surface of terry pile-like structure[J]. Journal of Membrane Science, 2015(493): 243 – 251.

[75] Alyaseri A, Lebedev M, Barifcani A, et al. Receding and advancing(CO_2 + brine + quartz) contact angles as a function of pressure, temperature, surface roughness, salt type and salinity[J]. The Journal of Chemical Thermodynamics, 2016(93): 416 – 423.

[76] Deng Y, Xu L, Lu H, et al. Direct measurement of the contact angle of water droplet on quartz in a reservoir rock with atomic force microscopy[J]. Chemical Engineering Science, 2018(177): 445 – 454.

[77] Kumar N, Mandal A. Wettability Alteration of Sandstone Rock by Surfactant Stabilized Nanoemulsion for Enhanced Oil Recovery—A Mechanistic Study[J]. Colloids and Surfaces A: Physicochemical and Engineering Aspects, 2020(601): 125043.

[78] Xian B, Wang J, Gong C, et al. Classification and sedimentary characteristics of lacustrine hyperpycnal channels: Triassic outcrops in the south Ordos Basin, central China[J]. Sedimentary

Geology, 2018(368): 68 -82.

[79]Xi K, Cao Y, Liu K, et al. Diagenesis of tight sandstone reservoirs in the upper Triassic Yanchang Formation, southwestern Ordos basin, China[J]. Marine and Petroleum Geology, 2019 (99): 548 -562.

[80]Wu H, Zhang C, Ji Y, et al. An improved method of characterizing the pore structure in tight oil reservoirs: Integrated NMR and constant-rate-controlled porosimetry data[J]. Journal of Petroleum Science and Engineering, 2018(166): 778 -796.

[81]Tang X, Zhang J, Wang X, et al. Shale characteristics in the southeastern Ordos Basin, China: Implications for hydrocarbon accumulation conditions and the potential of continental shales[J]. International Journal of Coal Geology, 2014(128): 32 -46.

[82]Xu Z, Liu L, Wang T, et al. Characteristics and controlling factors of lacustrine tight oil reservoirs of the Triassic Yanchang Formation Chang 7 in the Ordos Basin, China[J]. Marine and Petroleum Geology, 2017(82): 265 -296.

[83]Jingli Y, Xiuqin D, Yande Z, et al. Characteristics of tight oil in Triassic Yanchang formation, Ordos Basin[J]. Petroleum Exploration and Development, 2013, 40(2): 161 -169.

[84]Zhao H, Ning Z, Wang Q, et al. Petrophysical characterization of tight oil reservoirs using pressure-controlled porosimetry combined with rate-controlled porosimetry[J]. Fuel, 2015(154): 233 -242.

[85]Hua Y, Liang X, Xiaobing N, et al. Geological conditions for continental tight oil formation and the main controlling factors for the enrichment: A case of Chang 7 Member, Triassic Yanchang Formation, Ordos Basin, NW China[J]. Petroleum Exploration and Development, 2017, 44 (1): 11 -19.

[86]Jinhua F, Jian Y, Liming X, et al. New progress in exploration and development of tight oil in Ordos Basin and main controlling factors of largescale enrichment and exploitable capacity[J]. China Petroleum Exploration, 2015, 20(5): 9 -19.

[87]Lima A, Hofmann A, Reynolds D, et al. Environmental electrokinetics for a sustainable subsurface[J]. Chemosphere, 2017(181): 122 -133.

[88]Darlington A M, Jarisz T A, Dewalt-Kerian E L, et al. Separating the pH-dependent behavior of water in the stern and diffuse layers with varying salt concentration[J]. The Journal of Physical Chemistry C, 2017, 121(37): 20229 -20241.

[89]Chen L, Zhang G, Wang L, et al. Zeta potential of limestone in a large range of salinity[J]. Colloids and Surfaces A: Physicochemical and Engineering Aspects, 2014(450): 1 -8.

[90] Xie Q, Liu F, Chen Y, et al. Effect of electrical double layer and ion exchange on low salinity EOR in a pH controlled system[J]. Journal of Petroleum Science and Engineering, 2019(174): 418 – 424.

[91] Hu L, Zhang L, Wu H. Experimental study of the effects of soil pH and ionic species on the electro-osmotic consolidation of kaolin [J]. Journal of hazardous materials, 2019 (368): 885 – 893.

[92] Kung C H, Zahiri B, Sow P K, et al. On-demand oil-water separation via low-voltage wettability switching of core-shell structures on copper substrates [J]. Applied Surface Science, 2018 (444): 15 – 27.

[93] Pandey B, Rajesh S. Enhanced engineering characteristics of soils by electro-osmotic treatment: an overview[J]. Geotechnical and Geological Engineering, 2019, 37(6): 4649 – 4673.

[94] Wu H, Hu L, Zhang G. Effects of electro-osmosis on the physical and chemical properties of bentonite[J]. Journal of Materials in Civil Engineering, 2016, 28(8): 06016010.

[95] Kherad M K, Vakili A H, Bin Selamat M R, et al. An experimental evaluation of electroosmosis treatment effect on the mechanical and chemical behavior of expansive soils[J]. Arabian Journal of Geosciences, 2020, 13(6): 1 – 12.

[96] De Levie R. The electrolysis of water[J]. Journal of Electroanalytical Chemistry, 1999, 476 (1): 92 – 93.

[97] Stuve E M. Ionization of water in interfacial electric fields: An electrochemical view[J]. Chemical Physics Letters, 2012(519): 1 – 17.

[98] Zhang W, Ning Z, Zhang B, et al. Experimental investigation of driving brine water for enhanced oil recovery in tight sandstones by DC voltage[J]. Journal of Petroleum Science and Engineering, 2019(180): 485 – 494.

[99] Xue Z, Tang X, Yang Q. Influence of voltage and temperature on electro-osmosis experiments applied on marine clay[J]. Applied Clay Science, 2017(141): 13 – 22.

[100] Lai J, Wang G, Wang Z, et al. A review on pore structure characterization in tight sandstones [J]. Earth—Science Reviews, 2018(177): 436 – 457.

[101] Yang F, Ning Z, Liu H. Fractal characteristics of shales from a shale gas reservoir in the Sichuan Basin, China[J]. Fuel, 2014(115): 378 – 384.

[102] Huang L, Ning Z, Wang Q, et al. Effect of organic type and moisture on CO_2/CH_4 competitive adsorption in kerogen with implications for CO_2 sequestration and enhanced CH_4 recovery[J]. Applied Energy, 2018(210): 28 – 43.

[103]Jia Z, Ning Z, Gao X, et al. Experimental investigation on molecular-scale mechanism of wettability alteration induced by supercritical carbon dioxide-water-rock reaction[J]. Journal of Petroleum Science and Engineering, 2021(205): 108798.

[104]Shen X, Liu H, Zhang Y, et al. An integrated model for carbon geo-sequestration considering gas leakage[J]. Journal of Petroleum Science and Engineering, 2022(217): 110899.

[105]Cheng Z, Ning Z, Yu X, et al. New insights into spontaneous imbibition in tight oil sandstones with NMR[J]. Journal of Petroleum Science and Engineering, 2019(179): 455 -464.

[106]Yao S, Wang Q, Bai Y, et al. A practical gas permeability equation for tight and ultra-tight rocks[J]. Journal of Natural Gas Science and Engineering, 2021(95): 104215.

[107]Zhang W, Ning Z, Wang B. Experimental investigation of the variations in the pore structure of tight sandstones subjected to an electric field[J]. Journal of Petroleum Science and Engineering, 2021(204): 108690.

[108]Zhang X, Lin B, Zhu C, et al. Improvement of the electrical disintegration of coal sample with different concentrations of NaCl solution[J]. Fuel, 2018(222): 695 -704.

[109]Ni Z, Lin B, Zhang X, et al. Experimental study on the effect of high-voltage electrical pulses on the nanoscale pore structure of coal[J]. Fuel, 2021(306): 121621.

[110]Ikpeka P M, Ugwu J O, Pillai G G, et al. Effectiveness of electrokinetic-enhanced oil recovery (EK-EOR): a systematic review[J]. Journal of Engineering and Applied Science, 2022, 69 (1): 1 -27.

[111]Ma C, Peng J, Zhou H, et al. An effective method for preparing high early-strength cement-based materials: The effects of direct electric curing on Portland cement[J]. Journal of Building Engineering, 2021(43): 102485.

[112]Yang Z, Xie Y, He J, et al. Experimental investigation on mechanical strength and microstructure of cement paste by electric curing with different voltage and frequency[J]. Construction and Building Materials, 2021(299): 123615.

[113]Tian C, Yuan L, Li Y, et al. Applied electric field on the reaction between submerged entry nozzle and alloy in the steel[J]. Ceramics International, 2021, 47(16): 22646 -22653.

[114]Tian C, Yuan L, Li Y, et al. Interface reaction between alloys and submerged entry nozzle controlled by an electric current pulse [J]. Ceramics International, 2021, 47 (20): 28226 -28236.

[115]Sha L, Wu Z, Ling Z, et al. Dewaterability and energy consumption of electro-dewatered sludge near the anode and the cathode during electro-dewatering process[J]. Journal of Environ-

mental Chemical Engineering, 2021, 9(4): 105729.

[116] Rao B, Pang H, Fan F, et al. Pore-scale model and dewatering performance of municipal sludge by ultrahigh pressurized electro-dewatering with constant voltage gradient[J]. Water Research, 2021(189): 116611.

[117] Yang Y, Wen Z, Si L, et al. Experimental study on variation law of electrical parameters and temperature rise effect of coal under DC electric field[J]. Scientific Reports, 2021, 11(1): 1-11.

[118] Bai T-G, Zhang L, Qian J-Y, et al. Pulsed electric field pretreatment modifying digestion, texture, structure and flavor of rice[J]. LWT, 2021(138): 110650.

[119] Liao B, Zhang Z, Wang D, et al. External Electric Field Enhances CO_2 Geological Storage: A Molecular Dynamics Simulation[J]. Applied Surface Science, 2021: 151312.

[120] Jia Z, Ning Z, Yang G, et al. Experimental Investigation on the Effect of Solid-Liquid Interface Charge Transport on Natural Porous Media Flow[J]. Transport in Porous Media, 2022: 1-20.

[121] Yun J, Zhang N. A Discussion on the Electrochemical Recovery Method and Its Mechanism[J]. Petroleum Exploration and Development, 1998(25): 57-58.

[122] Xie S, Sun Y, Wang E, et al. Experimental and mechanistic research on modifying the mechanic properties of the high water backfill material by electrochemical treatment[J]. Scientific Reports, 2020, 10(1): 1-13.

[123] Li S, Liu Y, Xue L, et al. An investigation on water flooding performance and pattern of porous carbonate reservoirs with bottom water[J]. Journal of Petroleum Science and Engineering, 2021(200): 108-353.

[124] Wang H, Tian L, Gu D, et al. Method for Calculating Non-Darcy Flow Permeability in Tight Oil Reservoir[J]. Transport in Porous Media, 2020(133): 357-372.

[125] Zhao H, Ning Z, Zhao T, et al. Effects of mineralogy on petrophysical properties and permeability estimation of the Upper Triassic Yanchang tight oil sandstones in Ordos Basin, Northern China[J]. Fuel, 2016(186): 328-338.

[126] Zhao H, Ning Z, Kang Q, et al. Relative permeability of two immiscible fluids flowing through porous media determined by lattice Boltzmann method[J]. International Communications in Heat and Mass Transfer, 2017(85): 53-61.

[127] Gao H, Li H A. Pore structure characterization, permeability evaluation and enhanced gas recovery techniques of tight gas sandstones[J]. Journal of Natural Gas Science and Engineering,

2016(28): 536 - 547.

[128] Gao H, Cao J, Wang C, et al. Comprehensive characterization of pore and throat system for tight sandstone reservoirs and associated permeability determination method using SEM, rate-controlled mercury and high pressure mercury[J]. Journal of Petroleum Science and Engineering, 2019(174): 514 - 524.

[129] Zhang W, Wang Q, Ning Z, et al. Relationship between the stress sensitivity and pore structure of shale[J]. Journal of Natural Gas Science and Engineering, 2018(59): 440 - 451.

[130] Zhang Y, Yang S, Zhang Z, et al. Multiscale pore structure characterization of an ultra-deep carbonate gas reservoir [J]. Journal of Petroleum Science and Engineering, 2022 (208): 109751.

[131] Zhang X, Lin B, Shen J. Experimental research on the effect of plasma on the pore-fracture structures and adsorption-desorption of coal body[J]. Fuel, 2022(307): 121809.

[132] Guo J, Zhang X, Lu C, et al. Characterization of Pore Structures with Mercury Intrusion Porosimetry after Electrochemical Modification: A Case Study of Jincheng Anthracite [J]. ACS Omega, 2022, 7(13): 11148 - 11157.

[133] Wang D, Kang T, Han W, et al. Electrochemical modification of tensile strength and pore structure in mudstone [J]. International Journal of Rock Mechanics and Mining Sciences (1997), 2011, 48(4): 687 - 692.

[134] Chai Z, Bai J, Sun Y. Change of pore structure and Uniaxial compressive strength of sandstone under electrochemical coupling [J]. Geomechanics and Engineering, 2019, 17 (2): 157 - 164.

[135] Gao H, Wang C, Cao J, et al. Quantitative study on the stress sensitivity of pores in tight sandstone reservoirs of Ordos basin using NMR technique[J]. Journal of Petroleum Science and Engineering, 2019(172): 401 - 410.

[136] Zhang W, Ning Z, Wang Q, et al. Experimental study on the effects of an electric field on the pore characterization in anode, middle and cathode regions of tight sandstone samples[J]. Geoenergy Science and Engineering, 2023(223): 211500.

[137] Zhang W, Ning Z, Gai S, et al. Fast and effective observations of the pore structure of tight sandstones at the same location by utilizing AFM and CF-SEM[J]. Journal of Petroleum Science and Engineering, 2022(208): 109554.

[138] Powell M R, Cleary L, Davenport M, et al. Electric-field-induced wetting and dewetting in single hydrophobic nanopores[J]. Nature Nanotechnology, 2011, 6(12): 798 - 802.

[139]Chien S-C, Ou C-Y, Lee Y-C. A novel electroosmotic chemical treatment technique for soil improvement[J]. Applied Clay Science, 2010, 50(4): 481 -492.

[140]Li J, Ma J, Tong Y, et al. Study on fractal characteristics of pores of NAS reinforced by MICP under the control of electric field [J]. Construction and Building Materials, 2021 (271): 121540.

[141]Daigle H, Thomas B, Rowe H, et al. Nuclear magnetic resonance characterization of shallow marine sediments from the Nankai Trough, Integrated Ocean Drilling Program Expedition 333 [J]. Journal of Geophysical Research: Solid Earth, 2014, 119(4): 2631 -2650.

[142]Xiao L, Mao Z-Q, Zou C-C, et al. A new methodology of constructing pseudo capillary pressure(P_c)curves from nuclear magnetic resonance(NMR)logs[J]. Journal of Petroleum Science and Engineering, 2016(147): 154 -167.

[143]Ren X, Li A, Wang G, et al. Study of the Imbibition Behavior of Hydrophilic Tight Sandstone Reservoirs Based on Nuclear Magnetic Resonance[J]. Energy and Fuels, 2018, 32(7): 7762 -7772.

[144]Lyu C, Ning Z, Wang Q, et al. Application of NMR T_2 to pore size distribution and movable fluid distribution in tight sandstones[J]. Energy and Fuels, 2018, 32(2): 1395 -1405.

[145]Saidian M, Prasad M. Effect of mineralogy on nuclear magnetic resonance surface relaxivity: A case study of Middle Bakken and Three Forks formations[J]. Fuel, 2015(161): 197 -206.

[146]Jiang Y, Shi Y, Xu G, et al. Experimental study on spontaneous imbibition under confining pressure in tight sandstone cores based on low-field nuclear magnetic resonance measurements [J]. Energy and Fuels, 2018, 32(3): 3152 -3162.

[147]Ross D J K, Bustin R M. The importance of shale composition and pore structure upon gas storage potential of shale gas reservoirs[J]. Marine & Petroleum Geology, 2009, 26(6): 916 -927.

[148]Loucks R G, Reed R M, Ruppel S C, et al. Spectrum of pore types and networks in mudrocks and a descriptive classification for matrix-related mudrock pores[J]. AAPG Bulletin, 2012, 96(6): 1071 -1098.

[149]Lai J, Wang G, Wang Z, et al. A review on pore structure characterization in tight sandstones [J]. Earth-Science Reviews, 2018(177): 436 -457.

[150]Xi K, Cao Y, Haile B G, et al. How does the pore-throat size control the reservoir quality and oiliness of tight sandstones? The case of the Lower Cretaceous Quantou Formation in the southern Songliao Basin, China[J]. Marine and Petroleum Geology, 2016(76): 1 -15.

[151]Jinhu D, He L, Desheng M, et al. Discussion on effective development techniques for continental tight oil in China[J]. Petroleum Exploration and Development, 2014, 41(2): 217 -224.

[152]Wang L, Tian Y, Yu X, et al. Advances in improved/enhanced oil recovery technologies for tight and shale reservoirs[J]. Fuel, 2017(210): 425 -445.

[153]Cheng Z, Wang Q, Ning Z, et al. Experimental Investigation of Counter-Current Spontaneous Imbibition in Tight Sandstone Using Nuclear Magnetic Resonance[J]. Energy and Fuels, 2018, 32(6): 6507 -6517.

[154]Pamukcu S, Shrestha R A, Ribeiro A B, et al. Electrically induced displacement transport of immiscible oil in saline sediments[J]. Journal of Hazardous Materials, 2016(313): 185 -192.

[155]Li J S, Wang D, Kang G X, et al. Mechanism and Effect of Electrochemical Modification on Physicochemical Soft Rock[C]. Advanced Materials Research, 2012: 2275 -2280.

[156]Zhang W, Ning Z, Cheng Z, et al. Experimental investigation of the role of DC voltage on the wettability alteration in tight sandstones[J]. Langmuir, 2020, 36(40): 11985 -11995.

[157]Guo H, Chen C, Liang W, et al. Enhanced biomethane production from anthracite by application of an electric field[J]. International Journal of Coal Geology, 2020(219): 103393.

[158]Lin B, Wang Y, Yan F, et al. Experimental study of the effect of NaCl solution on the pore structure of coal body with high-voltage electrical pulse treatments[J]. Meitan Xuebao/Journal of the China Coal Society, 2018, 43(5): 1328 -1334.

[159]Yan F, Xu J, Lin B, et al. Changes in pore structure and permeability of anthracite coal before and after high-voltage electrical pulses treatment[J]. Powder Technology, 2019(343): 560 -567.

[160]Citeau M, Olivier J, Mahmoud A, et al. Pressurised electro-osmotic dewatering of activated and anaerobically digested sludges: Electrical variables analysis[J]. Water Research, 2012, 46(14): 4405 -4416.

[161]Mahmoud A, Olivier J, Vaxelaire J, et al. Electrical field: A historical review of its application and contributions in wastewater sludge dewatering[J]. Water Research, 2010, 44(8): 2381 -2407.

[162]Chen L, Cheng M, Xiao X, et al. Measurement of the relationship between conductivity of salt solution and concentration and temperature[J]. Research and Exploration in Laboratory, 2010, 29(5): 159 -163.

[163]Wang D, Song J, Liu Z. Electrochemical modification of montmorillonitic content and its interplanar spacing in soft rock[J]. International Journal of Mining and Mineral Engineering, 2015, 6(1): 35 -45.

[164] Washburn E W. The Dynamics of Capillary Flow[J]. Phys. rev. ser, 1921, 17(3): 273 -283.
[165] Lin B Q, Nie W, Zhu C J, et al. Microwave irradiation on pore morphology of coal powder [J]. Fuel, 2018(227): 434 -447.
[166] Chapman D L. A contribution to the theory of electrocapillarity[J]. The London, Edinburgh, and Dublin philosophical magazine and journal of science, 1913, 25(148): 475 -481.
[167] Helmholtz H. About electrical interfaces (translated title) [J]. Ann. Phys. Chem, 1879 (7): 337.
[168] Leroy P, Revil A. A triple-layer model of the surface electrochemical properties of clay minerals [J]. Journal of Colloid and interface Science, 2004, 270(2): 371 -380.
[169] Stern O. Zur theorie der elektrolytischen doppelschicht[J]. Zeitschrift für Elektrochemie und angewandte physikalische Chemie, 1924, 30(21 -22): 508 -516.
[170] Wang M, Revil A. Electrochemical charge of silica surfaces at high ionic strength in narrow channels[J]. Journal of Colloid and Interface Science, 2010, 343(1): 381 -386.
[171] Hua Z, Li M, Ni X, et al. Effect of injection brine composition on wettability and oil recovery in sandstone reservoirs[J]. Fuel, 2016(182): 687 -695.
[172] He X, Liu X, Song D, et al. Effect of microstructure on electrical property of coal surface[J]. Applied Surface Science, 2019(483): 713 -720.
[173] Guanhua N, Qian S, Meng X, et al. Effect of NaCl-SDS compound solution on the wettability and functional groups of coal[J]. Fuel, 2019(257): 116077.
[174] Zhang L, Hu S, Chen Q, et al. Molecular structure characterization of the tetrahydrofuran-microwave-extracted portions from three Chinese low-rank coals[J]. Fuel, 2017(189): 178 -185.
[175] Song Y, Jiang B, Han Y. Macromolecular response to tectonic deformation in low-rank tectonically deformed coals(TDCs)[J]. Fuel, 2018(219): 279 -287.
[176] Jingna X, Guanhua N, Hongchao X, et al. The effect of adding surfactant to the treating acid on the chemical properties of an acid-treated coal [J]. Powder Technology, 2019 (356): 263 -272.
[177] Lin X, Wang C, Ideta K, et al. Insights into the functional group transformation of a chinese brown coal during slow pyrolysis by combining various experiments[J]. Fuel, 2014(118): 257 -264.
[178] Xi X, Jiang S, Zhang W, et al. An experimental study on the effect of ionic liquids on the structure and wetting characteristics of coal[J]. Fuel, 2019(244): 176 -183.
[179] Niu Z, Liu G, Yin H, et al. Devolatilization behaviour and pyrolysis kinetics of coking coal

based on the evolution of functional groups[J]. Journal of Analytical and Applied Pyrolysis, 2018(134): 351 -361.

[180]Niu Z, Liu G, Yin H, et al. In-situ FTIR study of reaction mechanism and chemical kinetics of a Xundian lignite during non-isothermal low temperature pyrolysis[J]. Energy Conversion and Management, 2016(124): 180 -188.

[181]Tahmasebi A, Yu J, Han Y, et al. A study of chemical structure changes of Chinese lignite during fluidized-bed drying in nitrogen and air[J]. Fuel Processing Technology, 2012(101): 85 -93.

[182]Zhao J, Deng J, Chen L, et al. Correlation analysis of the functional groups and exothermic characteristics of bituminous coal molecules during high-temperature oxidation[J]. Energy, 2019(181): 136 -147.

[183]Xie H, Ni G, Xie J, et al. The effect of SDS synergistic composite acidification on the chemical structure and wetting characteristics of coal[J]. Powder Technology, 2020(367): 253 -265.

[184]Fuerstenau D W, Yang G C C, Laskowski J S. Oxidation Phenomena in Coal Flotation Part I. Correlation Between Oxygen Functional Group Concentration, Immersion Wettability and Salt Flotation Response[J]. Coal Preparation, 1987(4): 161 -182.

[185]Yang J, Xiukun W U, Gao J, et al. Surface characteristics and wetting mechanism of respirable coal dust[J]. Mining Science and Technology(china), 2010, 20(3): 365 -371.

[186]Dey S. Enhancement in hydrophobicity of low rank coal by surfactants—A critical overview[J]. Fuel Processing Technology, 2012, 94(1): 151 -158.

[187]Zhang R, Xing Y, Xia Y, et al. New insight into surface wetting of coal with varying coalification degree: An experimental and molecular dynamics simulation study[J]. Applied Surface Science, 2020(511): 145610.

[188]Xin H, Wang H, Kang W, et al. The reburning thermal characteristics of residual structure of lignite pyrolysis[J]. Fuel, 2020(259): 116226.

[189]Qiu S, Zhang S, Zhou X, et al. Thermal behavior and organic functional structure of poplar-fat coal blends during co-pyrolysis[J]. Renewable energy, 2019(136): 308 -316.

[190]Niu Z, Liu G, Yin H, et al. Investigation of mechanism and kinetics of non-isothermal low temperature pyrolysis of perhydrous bituminous coal by in-situ FTIR[J]. Fuel, 2016(172): 1 -10.

[191]Liu P, Wang L, Zhou Y, et al. Effect of hydrothermal treatment on the structure and pyrolysis

product distribution of Xiaolongtan lignite[J]. Fuel, 2016(164): 110 - 118.

[192]Liu X, Song D, He X, et al. Insight into the macromolecular structural differences between hard coal and deformed soft coal[J]. Fuel, 2019(245): 188 - 197.

[193]Wang J, He Y, Li H, et al. The molecular structure of Inner Mongolia lignite utilizing XRD, solid state 13C NMR, HRTEM and XPS techniques[J]. Fuel, 2017(203): 764 - 773.

[194]Xu C, Zhou G, Qiu H. Analysis of the microscopic mechanism of coal wettability evolution in different metamorphic states based on NMR and XPS experiments[J]. RSC Advances, 2017, 7(76): 47954 - 47965.

[195]Xia W, Li Y. Role of Roughness Change on Wettability of Taixi Anthracite Coal Surface before and after the Heating Process[J]. Energy and Fuels, 2016, 30(1): 281 - 284.

[196]Zhou Q, Qin B, Wang J, et al. Experimental investigation on the changes of the wettability and surface characteristics of coal dust with different fractal dimensions[J]. Colloids and Surfaces A: Physicochemical and Engineering Aspects, 2018(551): 148 - 157.

[197]Zhang Q, Zhou G, Hu Y, et al. Experimental investigation on wetting mechanism for coal dust with different metamorphic degree based on infrared spectrum and 13C-NMR[J]. Surface and Interface Analysis, 2020.

[198]Suresh C H, Koga N. A molecular electrostatic potential bond critical point model for atomic and group electronegativities[J]. Journal of the American Chemical Society, 2002, 124(8): 1790 - 1797.

[199]Zhang X, Jian S, Lin B, et al. Study on the influence of different-voltage plasma breakdowns on functional group structures in coal[J]. Energy, 2023(284): 128768.

[200]Abou-Shady A, Yu W. Recent Advances in Electrokinetic Methods for Soil Remediation. A critical review of selected data for the period 2021 - 2022[J]. International Journal of Electrochemical Science, 2023: 100234.

[201]Aljuhani G, Almuaibid A, Ayirala S, et al. Electrical Treatment to Revive Dead Gas Wells due to Water Blockage[C]. SPE Annual Technical Conference and Exhibition, OnePetro, 2023.

[202]Li D, Gao B, Cui X. Emulsifying behavior between oil and water of flowback fluids from acidizing oil wells based on high-voltage electric field oil-water separation technology[J]. New Journal of Chemistry, 2022, 46(35): 16858 - 16873.

[203]Li Y, Lin B, Zhang X, et al. Study on the Law of Fracture Development in Plasma-Induced Broken Coal[J]. Rock Mechanics and Rock Engineering, 2023: 1 - 13.

[204]Wu J, Zeng L, Ma W, et al. Influence of cyclone oil desorption technology on the change of

Oil-Based mud cuttings properties[J]. Fuel, 2022(324): 124524.

[205] Liu X, Nie B, Wang W, et al. The use of AFM in quantitative analysis of pore characteristics in coal and coal-bearing shale[J]. Marine and Petroleum Geology, 2019(105): 331-337.

[206] Liu X, Song D, He X, et al. Nanopore structure of deep-burial coals explored by AFM[J]. Fuel, 2019(246): 9-17.

[207] Zhang W, Huang H, Wen F, et al. Insights into the relationship between wettability and surface roughness in tight reservoirs from a pore-scale view: Effect of electric field[J]. Energy and Fuels, 2023, 37(8): 5867-5877.

[208] Pan B, Clarkson C R, Debuhr C, et al. Low-permeability reservoir sample wettability characterization at multiple scales: Pore-, micro-and macro-contact angles[J]. Journal of Natural Gas Science and Engineering, 2021(95): 104229.

[209] Iglauer S, Ali M, Keshavarz A. Hydrogen wettability of sandstone reservoirs: implications for hydrogen geo-storage[J]. Geophysical Research Letters, 2021, 48(3): e2020GL090814.

[210] Deng X, Tariq Z, Murtaza M, et al. Relative contribution of wettability Alteration and interfacial tension reduction in EOR: A critical review[J]. Journal of Molecular Liquids, 2021(325): 115175.

[211] Chen Y, Sari A, Xie Q, et al. Insights into the wettability alteration of CO_2-assisted EOR in carbonate reservoirs[J]. Journal of Molecular Liquids, 2019(279): 420-426.

[212] Li S, Liu Y, Xue L, et al. A molecular insight into the effect of key ions on the detachment of crude oil from calcite surface: Implication for low salinity water flooding in carbonate reservoirs[J]. Journal of Petroleum Science and Engineering, 2022(208): 109562.

[213] Ghasemi M, Shafiei A, Foroozesh J. A systematic and critical review of application of molecular dynamics simulation in low salinity water injection[J]. Advances in Colloid and Interface Science, 2021: 102594.

[214] Lyu C, Zhong L, Ning Z, et al. Review on underlying mechanisms of low salinity waterflooding: Comparisons between sandstone and carbonate[J]. Energy and Fuels, 2022, 36(5): 2407-2423.

[215] Takeda M, Manaka M, Ito D. Experimental evidence of chemical osmosis-driven improved oil recovery in low-salinity water flooding: Generation of osmotic pressure via oil-saturated sandstone[J]. Journal of Petroleum Science and Engineering, 2022: 110731.

[216] Huhtamäki T, Tian X, Korhonen J T, et al. Surface-wetting characterization using contact-angle measurements[J]. Nature Protocols, 2018, 13(7): 1521-1538.

[217] Behroozi F, Behroozi P S. Reliable determination of contact angle from the height and volume of sessile drops[J]. American Journal of Physics, 2019, 87(1): 28 - 32.
[218] Huang H, Babadagli T, Li H A. A quantitative and visual experimental study: effect of fracture roughness on proppant transport in a vertical fracture[C]. SPE Eastern Regional Meeting. One Petro, 2017.
[219] Kubiak K, Wilson M, Mathia T, et al. Wettability versus roughness of engineering surfaces [J]. Wear, 2011, 271(3 - 4): 523 - 528.
[220] Sari A, Al Maskari N S, Saeedi A, et al. Impact of surface roughness on wettability of oil-brine-calcite system at sub-pore scale[J]. Journal of Molecular Liquids, 2020(299): 112107.
[221] Wang X, Zhang Q. Role of surface roughness in the wettability, surface energy and flotation kinetics of calcite[J]. Powder Technology, 2020(371): 55 - 63.
[222] Yang K, Shi J, Wang L, et al. Bacterial anti-adhesion surface design: Surface patterning, roughness and wettability: A review[J]. Journal of Materials Science and Technology, 2022 (99): 82 - 100.
[223] Al-Yaseri A Z, Lebedev M, Barifcani A, et al. Receding and advancing (CO_2 + brine + quartz) contact angles as a function of pressure, temperature, surface roughness, salt type and salinity[J]. The Journal of Chemical Thermodynamics, 2016(93): 416 - 423.
[224] Kumar N, Mandal A. Wettability alteration of sandstone rock by surfactant stabilized nanoemulsion for enhanced oil recovery—A mechanistic study[J]. Colloids and Surfaces A: Physicochemical and Engineering Aspects, 2020(601): 125043.
[225] Alnoush W, Sayed A, Solling T I, et al. Impact of calcite surface roughness in wettability assessment: Interferometry and atomic force microscopy analysis[J]. Journal of Petroleum Science and Engineering, 2021(203): 108679.
[226] Drelich J, Miller J D. The effect of solid surface heterogeneity and roughness on the contact angle/drop(bubble) size relationship[J]. Journal of colloid and interface science, 1994, 164 (1): 252 - 259.
[227] Woodward J, Gwin H, Schwartz D. Contact angles on surfaces with mesoscopic chemical heterogeneity[J]. Langmuir, 2000, 16(6): 2957 - 2961.
[228] Wang R, Shi W, Xie X, et al. Clay mineral content, type, and their effects on pore throat structure and reservoir properties: Insight from the Permian tight sandstones in the Hangjinqi area, north Ordos Basin, China[J]. Marine and Petroleum Geology, 2020(115): 104281.
[229] Good R J, Koo M. The effect of drop size on contact angle[J]. Journal of Colloid and Interface

Science, 1979, 71(2): 283 -292.

[230] Sedin D L, Rowlen K L. Influence of tip size on AFM roughness measurements[J]. Applied Surface Science, 2001, 182(1 -2): 40 -48.

[231] Erinosho M, Akinlabi E, Johnson O. Characterization of surface roughness of laser deposited titanium alloy and copper using AFM[J]. Applied Surface Science, 2018(435): 393 -397.

[232] Lu Y, Liu D, Cai Y, et al. AFM measurement of roughness, adhesive force and wettability in various rank coal samples from Qinshui and Junggar basin, China [J]. Fuel, 2022 (317): 123556.

[233] Li Y, Yang J, Pan Z, et al. Nanoscale pore structure and mechanical property analysis of coal: an insight combining AFM and SEM images[J]. Fuel, 2020(260): 116352.

[234] Nikoo A H, Malayeri M R. On the affinity of carbonate and sandstone reservoir rocks to scale formation-Impact of rock roughness[J]. Colloids and Surfaces A: Physicochemical and Engineering Aspects, 2021(610): 125699.

[235] Yesufu R S, Rücker M, Berg S, et al. Assessing the wetting state of minerals in complex sandstone rock in-situ by Atomic Force Microscopy(AFM)[J]. Fuel, 2020(273): 117807.

[236] Yesufu R S, Marcelis F, Georgiadis A, et al. Atomic Force Microscopy(AFM) study of redox conditions in sandstones: Impact on wettability modification and mineral morphology [J]. Colloids and Surfaces A: Physicochemical and Engineering Aspects, 2020(597): 124765.

[237] Li P, Zhang J, Rezaee R, et al. Effects of swelling-clay and surface roughness on the wettability of transitional shale [J]. Journal of Petroleum Science and Engineering, 2021 (196): 108007.

[238] Rao S, Deng Y, Cai W, et al. Study of the contact angle of water droplet on the surface of natural K-feldspar with the combination of Ar^+ polishing and atomic force microscopy scanning[J]. Chemical Engineering Science, 2021(241): 116705.

[239] Zahiri B, Sow P K, Kung C H, et al. Validation of surface wettability theories via electrochemical analysis[J]. Electrochemistry Communications, 2016(68): 95 -98.

[240] Kang J, Zhang B, Wang J, et al. Mechanical testing of anthracite to assess its surface energy and temperature dependence[J]. Fuel, 2019(239): 76 -86.

[241] Bruening F, Cohen A. Measuring surface properties and oxidation of coal macerals using the atomic force microscope[J]. International journal of coal geology, 2005, 63(3 -4): 195 -204.

[242] Gupta I, Sondergeld C, Rai C. Fracture toughness in shales using nano-indentation[J]. Journal of Petroleum Science and Engineering, 2020(191): 107222.

[243] Liu K, Ostadhassan M, Bubach B. Applications of nano-indentation methods to estimate nanoscale mechanical properties of shale reservoir rocks[J]. Journal of Natural Gas Science and Engineering, 2016(35): 1310 - 1319.

[244] Ping C, Qiang H, Tianshou M, et al. The mechanical properties of shale based on micro-indentation test[J]. Petroleum Exploration and Development, 2015, 42(5): 723 - 732.